U0743493

输电线路大通流
防雷绝缘子

陆佳政　张孝军　编著

中国电力出版社
CHINA ELECTRIC POWER PRESS

内 容 提 要

本书旨在介绍并推广防雷绝缘子研发领域的研究成果，可为输电线路防雷提供新的技术手段。

本书共 7 章，第 1 章对输电线路雷击跳闸原因、危害及现有防护措施进行了综述；第 2 章介绍了防雷绝缘子结构及其绝缘配合设计方法；第 3 章总结了大通流环形氧化锌电阻的关键技术；第 4 章介绍了防雷绝缘子整支大通流内绝缘工艺与防爆结构设计方法；第 5 章总结归纳了防雷绝缘子的主要试验内容与试验方法；第 6 章介绍了防雷绝缘子的批量生产工艺与推广应用情况；第 7 章对全书进行总结与展望。

本书可供电力防灾行业科研人员以及电网安全运维工程技术人员阅读参考。

图书在版编目（CIP）数据

输电线路大通流防雷绝缘子/陆佳政，张孝军编著.

北京：中国电力出版社，2024. 10. -- ISBN 978-7-5198-9175-6

Ⅰ. TM726

中国国家版本馆 CIP 数据核字第 2024JX9132 号

出版发行：中国电力出版社

地 址：北京市东城区北京站西街 19 号（邮政编码 100005）

网 址：http://www.cepp.sgcc.com.cn

责任编辑：赵 杨（010-63412287）

责任校对：黄 蓓 朱丽芳

装帧设计：王红柳

责任印制：石 雷

印 刷：北京九天鸿程印刷有限责任公司

版 次：2024 年 10 月第一版

印 次：2024 年 10 月北京第一次印刷

开 本：710 毫米 ×1000 毫米 16 开本

印 张：10

字 数：135 千字

定 价：56.00 元

版权专有 侵权必究

本书如有印装质量问题，我社营销中心负责退换雷击是困扰电网安全运行最频繁的自然灾害之一。雷击易造成输电线路绝缘子闪络，引发电网跳闸、电力设备损坏，还可能导致配电网导线断线坠地，造成附近人员触电伤亡。雷击严重干扰电网安全稳定运行，威胁人民生命安全。提升电网应对雷电的能力是广大电力科技工作者长期以来一直关注的关键问题。

普通绝缘子只能起到绝缘与支撑导线的作用，防雷能力差，《输电线路大通流防雷绝缘子》一书的作者及其研究团队发明了防雷绝缘子，可大幅降低线路雷击跳闸率，还可避免雷击断线造成的人身触电伤亡事故，创新性强，安全经济效益显著。

本书首先结合国内外研究现状回顾了输电线路雷击跳闸原因、危害及防护措施，分析了雷电形成机制、雷电对输电线路造成的危害并简要概述了目前应用较多的防雷措施。

在防雷绝缘子结构设计方面，提出了将氧化锌防雷段与绝缘段串联的防雷绝缘子一体化结构。通过大量人工气候试验与电场仿真，发现防雷绝缘子在清洁条件下由绝缘段耐受电压、污秽与重覆冰下由防雷段与绝缘段共同耐受电压的电场分布规律，提出了污秽与覆冰下按防雷段与绝缘段共同耐受电压的设计准则并完成了防雷绝缘子绝缘配合设计，采用了防雷绝缘子大小伞插花式防冰结构与交错式放电间隙。一体化结构设计确保了防雷绝缘子在线路未遭受雷击时不动作，雷击时防雷段间隙可靠击穿并调控雷电流流经外绝缘放电间隙与氧化锌电阻。

在大通流环形氧化锌电阻方面，通过电磁暂态仿真，分析了防雷绝缘子在有无架空地线条件下的通流能力需求，提出了配电网防雷绝缘子 4/10 μs 整支 100 kA 以上通流能力指标；提出了大通流熔融 ZnO 电阻配方及烧结与热处理工艺；提出了环形 ZnO 电阻通流能力提升关键技术。攻克了小体积 100 kA 以上的大通流环形氧化锌电阻研制难题。

在整支大通流内绝缘与防爆结构方面，提出了整支防雷绝缘子内绝缘柔性大通流吸能结构，防止雷击热应力引发的内绝缘破损与绝缘界面闪络；提出了防雷段并联保护间隙，可在极端高幅值雷电流作用下沿并联间隙击穿，防止氧化锌炸裂；提出了工频故障电弧疏导防爆凹槽结构，防雷段故障引发工频短路电流后绝缘子仍可承受导线重力。攻克了防雷绝缘子整支通流能力提升与防爆防掉串难题。

在防雷绝缘子试验技术方面，在现有绝缘子和避雷器性能试验基础上补充介绍了标准尚未涉及的工频—冲击联合加压闪络试验、整支大电流试验以及高温老化试验等，为防雷绝缘子挂网运行提供了试验支撑。

在防雷绝缘子的制造与应用方面，介绍了防雷绝缘子大规模批量化的生产工艺与现场应用情况，本书作者研制的 10～500 kV 系列防雷绝缘子已经在湖南湘电试研产业园等企业广泛生产并推广应用上百万支，大幅降低了应用线路的雷击跳闸率，现场应用效果十分突出，显著推动了我国防雷技术进步。

本书系统总结了在防雷绝缘子研发领域的研究成果，可供电网防灾减灾领域的学者和工程技术人员参考，同时对于提升电力防灾行业技术发展和推动电网防雷技术的应用也具有重要的指导意义。

雷清泉

2024 年 3 月

绝缘子在输电线路中被普遍采用，起到绝缘并支撑导线的作用。雷击灾害遍及全球，雷击灾害每年的数量超 10 亿次，雷电流幅值可高达 100 kA 以上，频繁造成绝缘子闪络、线路跳闸停电与电网设备损坏事故，雷击 10 kV 绝缘子闪络，工频故障电弧未能有效熄弧时还有可能造成导线断线坠地，引发触电伤亡。2019 年，雷击引起美国威斯康星州 2600 余条线路故障，近百万用户停电，导致社会秩序严重混乱；我国每年雷击绝缘子闪络跳闸数万条·次，占线路故障总数的 48% 以上，经济损失数百亿元，还导致不少人身触电伤亡事故。

绝缘子长期采用并联避雷器防雷，受杆塔尺寸限制，安装困难，且防雷通流能力有限，雷击炸裂事故频发。本书提出采用氧化锌防雷段与绝缘子段串联一体化的防雷绝缘子：芯棒贯穿整支防雷绝缘子，支撑导线重力；环形氧化锌电阻套装在防雷段芯棒外，起防雷作用；雷击大电流下 ZnO 电阻小，限制雷击过电压，防止绝缘子击穿、线路跳闸；数十微秒雷击大电流过后，ZnO 电阻急剧增大，与交错式电极配合熄灭工频短路电弧，防止导线烧断坠地。防雷绝缘子的研发主要存在以下几大难题：防雷绝缘子增加氧化锌防雷段，整体长度需大幅增加，难以安装，不增加长度或适当增加长度不影响安装的防雷绝缘子绝缘配合结构设计困难；雷电流严重时高达上百千安，防雷绝缘子需采用大通流环形氧化锌电阻，增加了内环侧面，对氧化锌原料的粒径均匀度以及侧面绝缘强度提出了更高的要求。而现有氧化锌电阻原料粉体不均匀、侧面绝缘与本体结合不紧密，雷击时侧面绝缘易闪络、炸裂，导致 100 kA 以上大通流环形氧化锌电阻研制困难；ZnO 电阻雷击时热膨胀，导致氧化锌避雷器内绝缘沿面闪络，整支避雷器通流能力仅单片电阻片的 60% 左右，整支防雷绝缘子通流能力提升困难；在几百千安极端高幅值雷电流作用下，防雷绝缘子防雷段雷击损坏，导致芯棒断裂，引发绝缘子掉串等严重事故，防雷绝缘子防爆保护十分困难。

针对以上难题，国网湖南省电力有限公司电网防灾减灾全国重点实验室开展了防雷与绝缘支撑的一体化绝缘配合方法、大通流氧化锌电阻、整支大通流内绝缘结构、极端雷电流疏导防爆技术等系列技术研究，完成防雷绝缘子产品研制并提出了详尽的试验方法，通过国家权威机构检测并规模化生产，在十余省重雷区应用达百万支，并出口美国、墨西哥等国家，应用的上千条线路雷击跳闸率下降 90% 以上，也未发生雷击断线引发的触电伤亡事故，社会安全与经济效益重大，推动了我国输电线路防雷与配电网防雷击断线人身触电伤亡技术发展。

本书针对防雷绝缘子研究过程中的主要技术难题，从输电线路现有雷电防护方法、防雷绝缘子结构、材料等角度进行了详细了论述，各章节主要内容如下：

第 1 章输电线路雷击跳闸原因、危害及防护措施进行了综述。概述了雷电对输电线路跳闸造成的危害，并介绍了输电线路避雷线、避雷器等主要防雷措施，指出了防雷绝缘子研究的必要性。

第 2 章防雷绝缘子绝缘支撑与防雷串联一体化结构设计及其绝缘配合方法。首先介绍了防雷绝缘子一体化结构的思路，通过试验和仿真，揭示雷击、覆冰、污秽等复杂条件下防雷绝缘子阻性与容性电场分布规律，同时阐述了防雷绝缘子防雷段与绝缘段按阻性比例共同承压的绝缘配合设计方法，并介绍了防雷绝缘子在污秽与覆冰条件下的伞裙与间隙结构优化措施。

第 3 章防雷绝缘子熔融防团聚大通流环形 ZnO 电阻。建立输电线路雷击电磁暂态仿真模型，基于雷电定位系统获得的雷电流幅值、电压分布规律，提出了输电线路 ZnO 电阻的通流能力参数指标。在此基础上，分析了不同掺杂配方与制备工艺对 ZnO 电阻微观与电气性能的影响规律，提出了大通流 ZnO 配方与烧结方法，提出了环形 ZnO 电阻通流能力提升关键技术。测试结果表明，相同尺寸 ZnO 电阻防雷通流能力较传统技术提升 25% 以上，攻克 100 kA 以上大通流 ZnO 材料制备难题，防止雷击跳闸，同时有效熄灭工频续流，防止烧断导线造成人身触电伤亡。

第 4 章防雷绝缘子内绝缘工艺与防爆结构设计。首先介绍了防雷绝缘子整支大通流内绝缘结构的设计与制备方法。然后提出了极端高幅值雷电流防护用的防雷段并联保护间隙结构及防雷段短路炸裂时的压力释放防爆结构。

第 5 章防雷绝缘子试验技术。介绍了防雷绝缘子试验方法，以及针对防雷绝缘子开展的联合加压闪络试验、雷击断线试验与整支冲击大电流试验。

第 6 章防雷绝缘子工业化批量制造与应用。阐述防雷绝缘子的工业化生产制造过程，并通过实际案例介绍了防雷绝缘子的推广运行案例。

第 7 章总结与展望。对防雷绝缘子研制过程中的主要创新点以及推广应用情况进行了总结，并对下一步将继续开展的防雷绝缘子硅橡胶抗老化等技术、特高压交直流防雷绝缘子研制进行了展望。下一步还将推进制定防雷绝缘子团体、行业、国家标准以及 IEEE/IEC 等国际标准，并加大推广应用力度。

本书可为电力行业科研人员及电网安全运维人员提供参考与借鉴。由于本人水平有限，书中难免存在疏漏，请广大读者批评指正。

感谢我的学生谢鹏康博士后、付志瑶博士及博士生王博闻、同事蒋正龙教授级高级工程师在本书前期研究、文稿编写与校正中所做的工作。

陈祗改

2024 年 3 月

目录

目录

电网输电线路常穿越高山、河流等雷击活动频繁区域，而雷击是造成电网跳闸停电最为频繁的自然灾害，占我国输电线路跳闸故障原因的 50% 左右，严重影响电网供电安全性与可靠性。

针对输电线路雷击问题，本章主要内容如下：

（1）从空间电荷放电的角度概述了雷电形成机理与形成机制，介绍了雷电流幅值、落雷密度、波形等主要参数指标。

（2）总结了 10 kV 配电网到 110 kV 以上主网雷电对不同电压等级输电线路所造成的危害，输电线路遭雷击不仅造成线路跳闸停电、设备损坏，10 kV 雷击断线还易引发人身触电伤亡。输电线路雷击事故的频发凸显了输电线路雷电防护的必要性。

（3）对现有输电线路架设避雷线、降低接地电阻、绝缘子并联放电间隙、氧化锌避雷器等主流防雷措施进行了总结与评述，引出了防雷绝缘子研制的必要性。

1.1 雷电的形成及其机制

1.1.1 雷电的形成

雷电是伴随着闪电和雷鸣的一种放电的强对流自然现象，雷电的发生常常伴随着阵风和暴雨，自然界雷击放电特性见图 1-1。积雨云也叫雷暴云，是积状云的一种，积雨云的上部正电荷为主，下部负电荷为主，因此正负电荷之间会形成一个电位差。当电位差达到一定程度的时候，就会产生放电，这就是人们常见的闪电现象。闪电的电压很高，达 1 亿～10 亿 V。在放电过程中，由于闪电通道中温度骤增，使空气体积急剧膨胀，从而产生冲击波，导致强烈的雷鸣。

(a) 雷电放电形态　　　　　　　(b) 输电线路附近雷击

图 1-1　自然界雷击放电特性

实际测量数据表明，70% 以上雷击放电为负极性。雷电放电的基本过程包括电晕放电、流注放电、先导放电、末跃放电四个阶段。

1.1.2　雷电流主要参数及波形

（1）雷暴日。我国目前防雷设计中主要采用的雷电参数是年雷暴日，根据雷电活动的频度和雷害的严重程度，依据 GB 50343—2012《建筑物电子信息系统防雷技术规范》规定，我国把年平均雷暴日数 $T>90$ 天的地区称为强雷区，$T>40$ 天称为中雷区，$T>25$ 天称为少雷区。由于一天内只要观测站听到雷声就定义为一个雷电日，而不论该日雷电发生的次数和持续时间，雷电日包含了云间放电，并不全是可能危及输电线路安全的云地闪络，而且远距离的雷电由于听觉原因也有漏统计，因此雷暴日仅能粗略统计该地区雷电活动频繁程度。

根据气象部门统计数据，我国典型地区雷暴频次最高的地区在云南南部、海南、广东大部、广西东南部及西藏中部的部分地区，年均雷暴日数在 70 天以上，局地超过 100 天；云南大部、广西西部和北部、江西、福建及浙江南部等地年均雷暴日数为 50～70 天；浙江大部、安徽中南部、湖南、

重庆、贵州、四川西部和南部、山西、北京、河北北部、吉林、青海东部及新疆西部等地年均雷暴日数为 30～50 天；西北地区大部、内蒙古以及黄淮平原一带为雷暴频次较低的地区，年均雷暴日数不足 30 天。

（2）地面落雷密度。地面落雷密度 N_g 指每年每平方千米落雷次数，单位为次 /（$km^2 \cdot a$），过去一直无法直接测量。在 DL/T 620—1997《交流电气装置的过电压保护和绝缘配合》中取

$$N_g = \gamma T_d \qquad (1-1)$$

式中：γ 为每个雷电日每平方千米地面上的平均落雷次数，次 /100（$km \cdot d$）；T_d 为雷暴日，天，雷电和雷击故障率每年变化都很大。雷电活动每年测量数据的历史标准偏差变化范围在平均值的 20%～50%。

（3）雷电流幅值。浙江省电力试验研究院 1962—1988 年历时 27 年对雷电流进行了长期的监测，通过对 106 个雷击塔顶的雷电流幅值数据和其中 97 个负极性数据的统计，得到了雷电流幅值超过 I_M（单位 kA）的概率 P 为

$$\lg P = -I_M / 88 \qquad (1-2)$$

式（1-2）已写入 DL/T 620—1997《交流电气装置的过电压保护和绝缘配合》中，在我国输电线路防雷设计中采用。雷电活动具有明显的地域性，不同地区的雷电流幅值概率特性相差很大。即使同一地区，由于微地形、微气候的不同，雷电流幅值概率也相差很大。一个最明显的实例是，三峡库区蓄水后，附近输电线路的雷击闪络率明显增加，其原因是蓄水后导致微地形的变化，低电阻率的水对雷电下行先导的发展具有明显的诱导作用。因此，在进行雷电幅值计算时，尽量以当地雷电定位统计数据作为依据。

IEEE 推荐采用下式反映雷电流幅值分布特性

$$P = \cfrac{1}{1 + \left(\cfrac{I_M}{a} \right)^b} \qquad (1-3)$$

式中：a、b 分别为与被统计地区雷电活动相关的参数，没有实际单位，IEEE

推荐值为 $a=31$，$b=2$。雷电定位系统统计的我国某省雷电流幅值分布如图 1-2 所示。可见无论是 IEEE 推荐计算公式，还是某省雷电定位系统统计结果，在雷电流幅值的分布上都呈现一定的堆集特征，雷电流的幅值集中出现在 $10 \sim 50\ kA$，IEEE 推荐公式与实际统计结果更相近，而与规程公式 $\lg P = -I_M/88$ 相差较大。

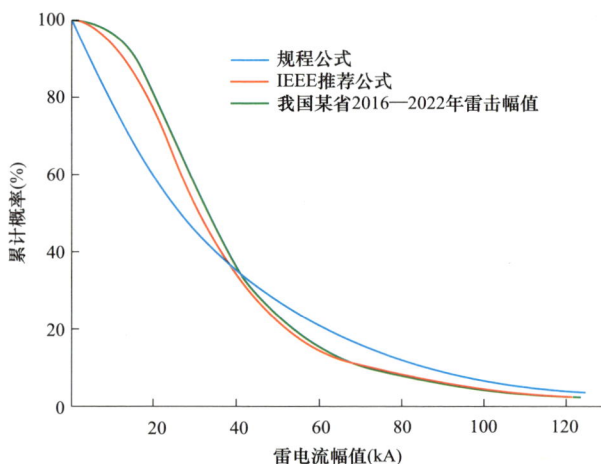

图 1-2　我国某省雷电流概率幅值分布

（4）雷电流波形。在防雷计算与设计中，雷电流一般用等效斜角波、等效余弦波或者双指数模型的标准冲击波表示。本文中雷电流采用双指数波

$$i(t) = (I_0/\eta)(\mathrm{e}^{-t/\tau_2} - \mathrm{e}^{-t/\tau_1}) = (I_0/\eta)(\mathrm{e}^{-\alpha t} - \mathrm{e}^{-\beta t}) \tag{1-4}$$

$$\eta = \exp[-\tau_1/\tau_2(n\tau_2/\tau_1)^{1/(n+1)}] = \exp[-\alpha/\beta(n\beta/\alpha)^{1/(n+1)}] \tag{1-5}$$

式中：n 取为 3；I_0 为雷电流最大值，kA；η 为电流峰值的修正系数；τ_1 和 τ_2 分别为决定电流上升时间和延迟时间的常数，$\tau_1 < \tau_2$，$\alpha = 1/\tau_2$，$\beta = 1/\tau_1$，经计算得到，对于目前通用的 $2.6/50\ \mu s$ 的雷电流，$\eta = 0.966159$，$\alpha = 14623$，$\beta = 1883107$。

1.2 雷击对输电线路造成的危害

1.2.1 10 kV 配电网输电线路

10 kV 配电网线路是把电能直接分配给各类用户的电力网络，是电力供应的最后一公里，其运行可靠性十分重要。10 kV 线路一般不架设避雷线，且绝缘水平低，穿越的微地形、微气象复杂多变，配电网线路极易发生雷击引起的跳闸停电、绝缘子损坏等事故（见图 1-3）。根据国家电网有限公司统计数据，雷击占 10 kV 配电网故障原因总数的 40% 以上，10 kV 线路雷击跳闸率高达 8 次 /（100km·a）以上。2019 年湖南 10 kV 线路因雷击导致 4000 余支避雷器炸裂，引发大范围跳闸停电事故。2017 年 6—7 月广东雷雨天气期间，因 10 kV 避雷器在雷电流下发生侧面闪络引发线路跳闸，导致 913 条 10 kV 线路跳闸、31 万用户停电，累计负荷损失 200 万 kWh。

(a) 10kV线路遭受雷击   (b) 遭雷击的绝缘子

图 1-3 10 kV 配电网线路遭受雷击事故

10 kV 雷击还易造成雷击断线，引发附近人员触电伤亡。架空绝缘导线遭受雷击产生过电压且雷击过电压高于 10 kV 绝缘子闪络电压（100 kV 左右）时，绝缘子发生沿面闪络，此时工频电弧向绝缘子根部发展并形成短路通道，持续燃烧的工频续流电弧易造成配电网导线灼烧、断线［见图 1-4

（a）］。对于绝缘导线，由于工频电弧难以在绝缘导线表面形成滑移，只能固定在一点灼烧，因此相较于裸导线更易产生局部过热、烧熔，最后引发断线。与此同时，由于 10 kV 配电网中性点不接地，单相导线断线坠地可以带电运行，人员靠近断线坠地的带电导线时，易引发触电伤亡［见图 1-4（b）］。据国家统计局 2016 年统计，我国每年触电伤亡人数超 8000 人，其中 10 kV 雷击断线因电压等级高，死亡风险最大。2010 年湖南隆回发生一起雷击断线事故，导线坠落到地面，造成附近一家 4 人触电伤亡。

(a) 工频续流电弧持续燃弧   (b) 人员触电伤亡

图 1-4　雷击断线引发触电伤亡

1.2.2　35 kV 配电网输电线路

35 kV 线路是连接 110 kV 及以上主网线路和 35 kV 用户直接供电线路的关键纽带。110 kV 及以上线路有避雷线，防雷能力强；10 kV 线路杆塔低，雷电直击线路概率低；35 kV 线路导线高，有时高达 15m，引雷宽度大，且仅进出变电站 1km 范围架设避雷线，35 kV 导线更易遭受雷电直击，引发跳闸、停电［见图 1-5（a）］。35 kV 线路易发生雷击引起的跳闸停电、绝缘子损坏事故［见图 1-5（b）］，多雷区 35 kV 线路雷击跳闸率高达 8~16 次/（100km·a）。2017—2019 年因雷击造成的 35 kV 线路跳闸占比高达 58.5%，与此同时，约 20% 的 35 kV 变电站是单电源供电，35 kV 线路跳闸会引起变电站全站失压停电，严重影响电网安全与用户可靠供电。2011 年 7 月，四

川平昌经历5h雷暴雨天气，7座35 kV变电站失压，39条35 kV线路停运，导致9万用户停电，累计负荷损失约50万kW。2020年1月25日至5月5日期间，湖南地区35 kV线路因雷击跳闸460余条/次，雷击跳闸率超过13次/（100km·a），严重影响供电可靠性。

(a) 35kV线路遭受雷击　　　　　　　　(b) 35kV普通绝缘子遭受雷击损坏

图1-5　35 kV线路雷击与绝缘子损坏

1.2.3　110 kV及以上输电线路

随着我国电力建设的迅速发展，电网覆盖的区域越来越广，110 kV以上主网输电线路经常需要架设到一些地形复杂的山区，而这些区域往往同时存在冬季寒冷易覆冰、春夏季雷电多发的气候特征。在上述地理环境特殊的微地形、微气象地区，当遭遇恶劣天气时，输电线路极易发生雷击闪络而引发跳闸停电事故（见图1-6）。

图1-6　主网雷击跳闸闪络

7

国家电网公司生产运行管理系统（PMS）统计表明，以 2018 年为例，66 kV 及以上交流输电线路跳闸 1261 次，其中雷击 524 次，占 41.6%，严重威胁大电网安全稳定运行。2018 年 66kV 及以上线路跳闸原因分布如图 1-7 所示。

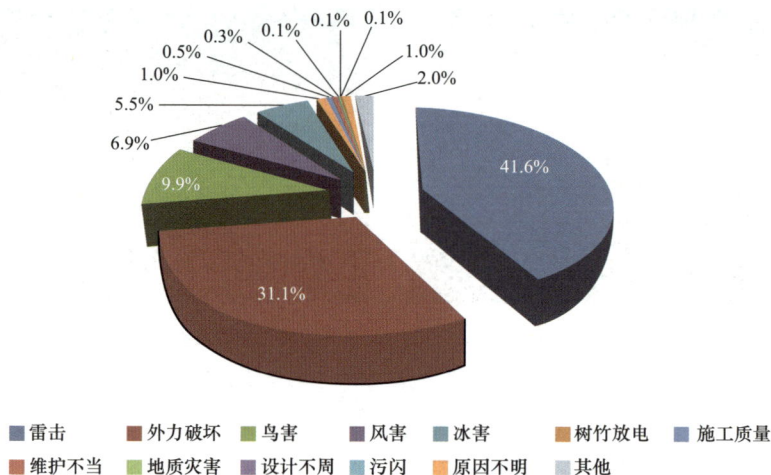

图 1-7　2018 年 66kV 及以上线路跳闸原因分布

1.3　输电线路防雷措施回顾

为了减少雷击灾害对输电线路的影响，国内外高校和电力研究机构在输电线路防雷性能提升方面进行了大量探索，相关电力企业也采取了多种防雷措施对输电线路进行保护，主要有增强线路绝缘、降低杆塔接地电阻、架设避雷线、安装避雷器、增加并联间隙等。

图 1-8　特高压绝缘子串

1.3.1　提高线路绝缘水平

采取增加耐张绝缘子片数（见图 1-8）、安装绝缘横担等措施（见图 1-9）可以提高线路绝缘水平，但投资巨大，经济性较差，且对于 220kV 以

上电压等级的主网输电线路防雷性能的提升并不明显。

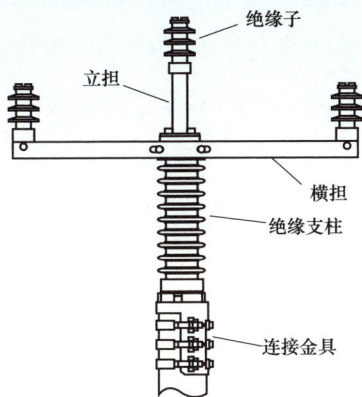

(a) 10kV绝缘横担结构图   (b) 10kV绝缘横担实物图

图 1-9 绝缘横担

1.3.2 架设避雷线

避雷线又称架空地线，架设在杆塔顶部用于防雷，带避雷线的杆塔结构与实物如图 1-10 所示。架空送电线被雷击时，雷电可能击中导线，也可能击中杆塔。雷击导线时，在导线上将产生远高于线路额定电压的过电压，有时达几百万伏，当它超过线路绝缘子串绝缘强度时，将导致绝缘子闪络，引起线路跳闸，甚至造成停电事故。

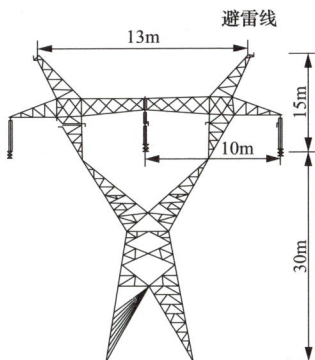

(a) 带避雷线的杆塔结构图   (b) 带避雷线的杆塔实物图

图 1-10 带避雷线的杆塔结构与实物图

避雷线可以遮住导线，使雷尽量落在避雷线本身上，并通过杆塔上的金属部分和埋设在地下的接地装置，使雷电流流入大地。雷击杆塔或避雷线时，在杆塔和导线间的电压超过绝缘子串的绝缘强度时，绝缘子串也将闪络，造成雷击事故。通常用降低杆塔接地电阻的办法来减少这类事故。

1.3.3 降低杆塔接地电阻

当雷电直击杆塔时，雷电流通过杆塔入地，由于接地电阻的存在，会在杆塔上产生雷击过电压，雷击过电压过高时，会引起输电线路绝缘子闪络，雷电反击。因此接地电阻是判定接地杆塔防雷性能的重要技术指标之一，降低杆塔的接地电阻可以有效降低输电线路发生雷电反击的概率，如图1-11所示。

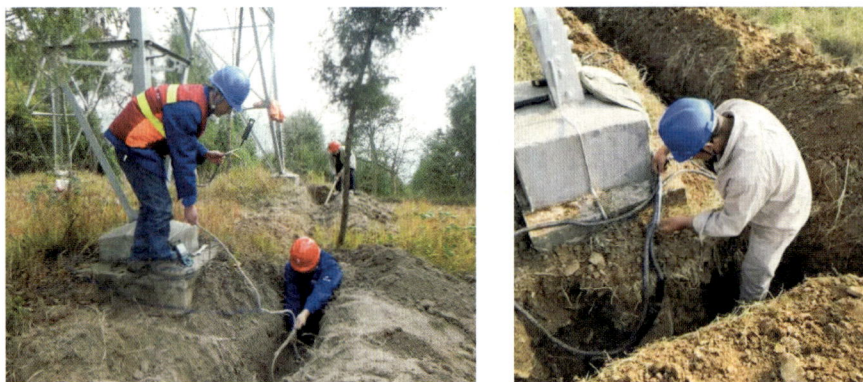

(a) 掩埋接地导体　　　　　　　　　　　(b) 接地导体与杆塔连接

图1-11　降低杆塔接地电阻

现有的减小接地电阻的方法有改变土壤电阻率与改善接地极结构等，然而，减小接地电阻的方法普遍存在着施工量大、造价高、在岩石地带改造困难等一系列的缺点。

1.3.4 安装并联间隙

并联间隙（招弧角）通常并联安装在绝缘子两端，其放电形态如图1-12

所示，当线路遭受雷击时，并联间隙击穿，雷电流通过杆塔接地电阻泄放，雷电波衰减后，电弧在自身电动力以及气流作用下扭曲变形，进而熄灭工频续流电弧。

然而，现有的并联间隙装置在雷击动作时，电极两端电弧发展路径具有不确定性，难以可靠熄灭工频续流电弧，间隙防雷装置的应用可以在一定程度上防止绝缘子等电力设备在雷击作用下损坏，但同时会导致雷击跳闸率的升高，降低供电可靠性。

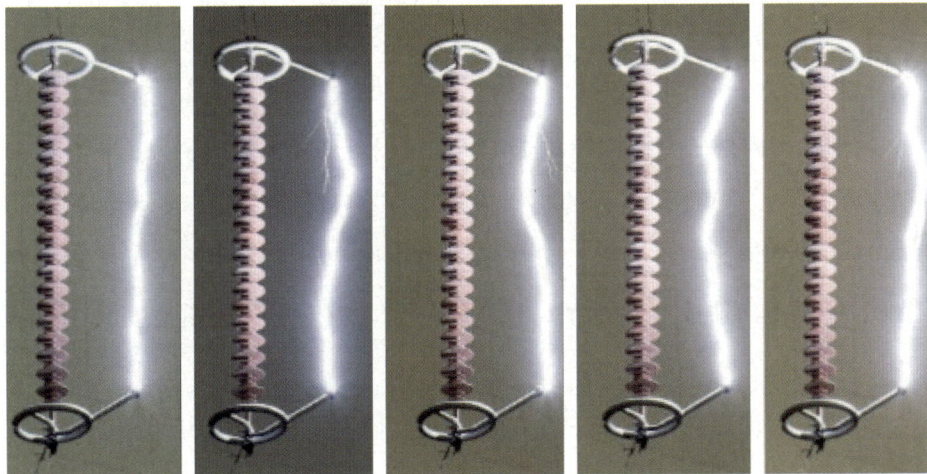

图 1-12 绝缘子保护间隙放电形态

1.3.5 安装并联氧化锌避雷器

线路避雷器是将雷电流泄放进大地并防止线路雷击跳闸的装置，典型线路避雷器如图 1-13 所示。其核心元件是氧化锌电阻，在雷电过电压作用下其阻值急剧降低，可有效将雷电流导入大地。雷电波衰减后，阻值迅速恢复，可以有效截断工频续流电弧，起到限制电网雷电过电压的作用。线路避雷器具有电气绝缘性能好、介电强度高等一系列优点。

然而，现有的线路避雷器抗拉及抗弯性能差，无法承受导线机械力，需与绝缘子并联安装使用，安装时需要额外增加外挂点，施工困难。同时，现有避雷器通流能力低，应用中的线路避雷器发生爆炸损坏的现象时有发生（见图1-14），导致部分多雷区输电线路避雷器年故障率高达3%。

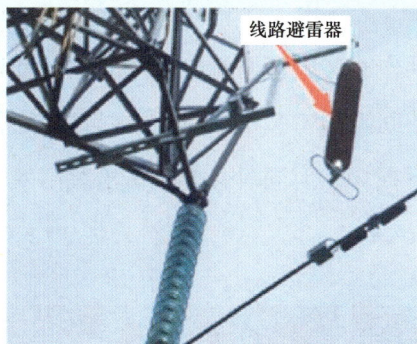

图1-13　典型线路避雷器

图1-14　避雷器遭雷击损坏

目前，国内外研究机构针对防雷问题已经开展了大量的研究工作，取得了显著的成效。然而，现有的防雷方法均存在一定的不足，如增加绝缘子长度导致成本激增，在岩石、砂土等土壤电阻率过高的地区降低接地电阻困难，招弧角易造成线路跳闸，杆塔窗口尺寸有限导致避雷器安装困难等问题。

本书针对现有防雷措施中存在的不足，研制了应用于 10～500 kV 输配电线路的系列大通流防雷功能的绝缘子。通过将氧化锌防雷段与绝缘子串联，使得防雷绝缘子在承受导线重力的同时，兼具避雷器的防雷功能；研制了高能量密度的氧化锌电阻，相同尺寸下防雷通流能力提升 25%。实际应用表明，防雷绝缘子应用后，可降低输电线路雷击闪络跳闸率 90% 以上，有效提升了线路供电的可靠性。本书以防冰防雷复合绝缘子"一体化结构绝缘配合、氧化锌材料研究、防雷防爆结构设计、防雷绝缘子性能试验、生产工艺与应用效果"为主线，对防雷绝缘子设计、研发、试验应用进行了全面的介绍。

国内外现有绝缘子具有绝缘并支撑导线重力的作用，防雷能力弱。避雷器内部的氧化锌电阻具有随雷电流增大电阻急剧减小的良好非线性特征，可以限制绝缘子两端过电压，防止绝缘子外绝缘闪络。但绝缘子并联氧化锌避雷器的防雷方式受电场限制，两者间需足够的安全距离，铁塔需要加大改造，在杆塔窗口内难以安装，线路避雷器安装结构图见图 2-1。

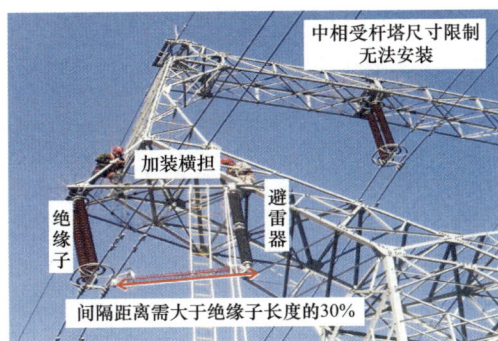

图 2-1　线路避雷器安装结构图

针对以上问题，本章提出了氧化锌防雷段与绝缘子段串联一体化的防雷绝缘子新思路，并开展了如下工作：

（1）开展了防雷绝缘子一体化结构设计，获取了防雷绝缘子拉力、间隙长度等关键参数。

（2）通过试验与电场仿真揭示了防雷绝缘子在污秽与覆冰条件下共同承受外加电压的电场分布规律，并提出了污秽与覆冰下按防雷段与绝缘段共同耐受电压的设计准则。

（3）设计了防雷绝缘子大小伞插花式结构与交错式放电间隙，确保覆冰、污秽下工频电压不闪络，雷击时雷电流流经外绝缘放电间隙与氧化锌电阻。

基于以上技术，提出了防雷段与绝缘子段串联一体化的防雷绝缘子新结构及其绝缘配合设计方法，一支防雷绝缘子可同时取代一支绝缘子与一支避雷器，实现了绝缘子与避雷器功能的融合。

2.1 防雷绝缘子一体化结构关键参数设计

2.1.1 防雷绝缘子一体化结构概述

对于雷击闪络，除架设避雷线、降低杆塔接地电阻等措施外，加装线路避雷器是最有效的方法之一。目前，金属氧化物避雷器已成为电力系统中性能最好且发展最快的过电压保护装置，具有体积小、质量轻、便于运输、密封性能好、防爆性能优等特点，而且有机外套的防污性能优于瓷套，便于制成大爬距。其中，外串间隙的线路避雷器如图 2-2 所示。

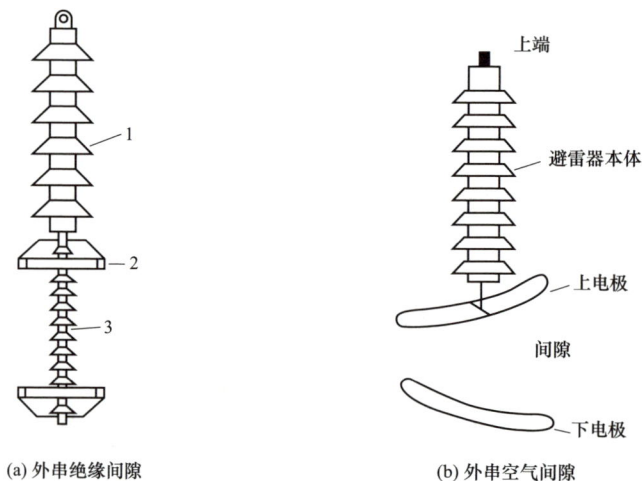

(a) 外串绝缘间隙　　　　　　　(b) 外串空气间隙

图 2-2　外串间隙的线路避雷器

1—避雷器本体；2—环状电极；3—固定间隙用的合成绝缘子

参考有串联绝缘间隙金属氧化物避雷器的结构形式，本章提出了由避雷器和带固定间隙组合的具有防雷功能的合成绝缘子，防雷绝缘子如图 2-3 所示，普通绝缘子与避雷器并联如图 2-4 所示。与传统避雷器相比，一支防雷绝缘子可以同时替换一支普通合成绝缘子与一支避雷器，在承受导线重力的同时实现防雷功能，在无需改变杆塔结构的前提下，具有安装简便、成本低廉的特点。

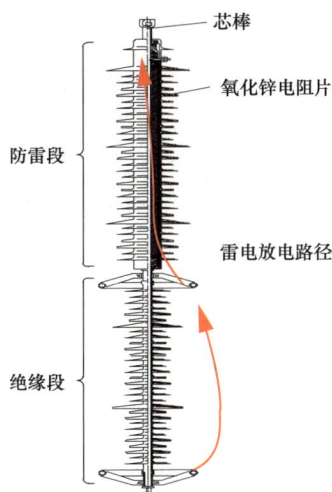

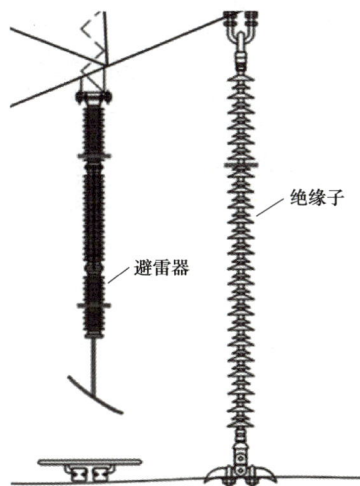

图 2-3　防雷绝缘子　　　　　图 2-4　普通绝缘子与避雷器并联

防雷绝缘子工作原理如下：

（1）芯棒贯穿整支防雷绝缘子，线路正常运行时，环氧芯棒悬吊输电导线并使导线与地之间保持良好的绝缘，线路工作电压的大部分由绝缘段承担，防雷绝缘子起支撑导线重力的作用。

（2）防雷段套装有环形氧化锌电阻，当导线遭遇雷击，防雷绝缘子绝缘段击穿，防雷段氧化锌电阻两端承受雷击过电压，此时氧化锌电阻阻值急剧降低，雷电流经低阻值的氧化锌电阻泄放至大地，对过电压起到钳制作用，从而保护绝缘子使其免于闪络，起到限制雷击过电压防止绝缘子击穿的作用。

（3）雷击电流衰减后，氧化锌电阻迅速恢复为高阻值绝缘状态，和绝缘段放电间隙配合，切断工频短路故障电弧，防止雷击跳闸事故，同时防止工频续流电弧持续燃弧引发的雷击断线与人身触电伤亡，确保电网安全稳定运行。

防雷绝缘子工作原理如图 2-5 所示。

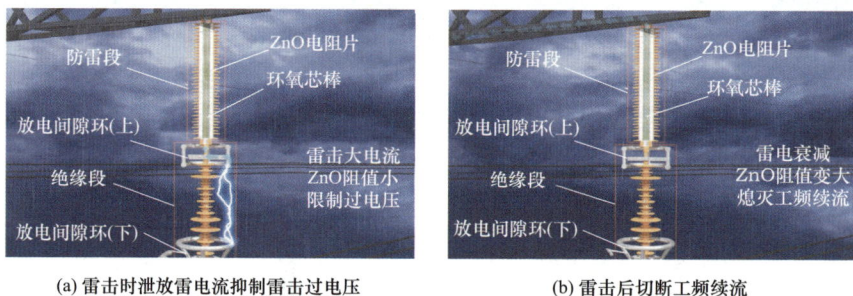

（a）雷击时泄放雷电流抑制雷击过电压　　　　（b）雷击后切断工频续流

图 2-5　防雷绝缘子工作原理

考虑到防雷绝缘子实际应用需求，在维持现有功能不变的前提下，在现有的 I 形结构基础之上设计了不同的结构形式。例如，根据 10 kV 普通绝缘子的结构特点，10 kV 防雷绝缘子在设计时均为支柱式结构。110 kV 以上主网根据实际安装需要也包含有 Y 形与倒 Y 形结构等，如图 2-6 所示。

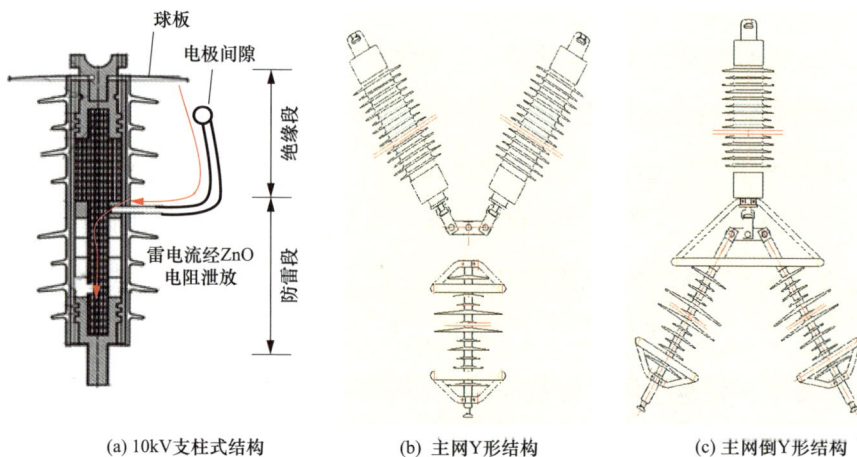

（a）10kV 支柱式结构　　　　（b）主网 Y 形结构　　　　（c）主网倒 Y 形结构

图 2-6　具有防雷功能的防冰闪合成绝缘子结构示意图

防雷绝缘子具有安装简便、降低防雷改造成本等一系列优点，然而，防雷绝缘子增加氧化锌防雷段，按传统高电压耐受设计方法，防雷绝缘子长度较普通复合绝缘子需增加 50% 左右，在杆塔窗口内难以安装。若不增加尺寸，满足杆塔窗口内安装要求，则防雷绝缘子的绝缘段长度需大幅降低，导致防雷绝缘子在高电压下的绝缘配合结构设计困难。因此，防雷绝缘子在进行结构设计时，必须攻克绝缘配合参数设计的系列难题。

2.1.2　防雷绝缘子拉力设计

防雷绝缘子具备绝缘子与避雷器双重功能，目前的避雷器均采用饼形结构的金属氧化物电阻片，用弹簧将电阻片压紧后装入绝缘筒内，绝缘筒端部密封并安装上、下连接金具（端盖、底座）。线路避雷器支撑本体不能承受导线传导来的负荷，不具备绝缘子悬挂导线的能力。

为实现悬挂支撑导线重力的功能，防雷绝缘子采用芯棒贯穿整支防雷绝缘子，用于承受导线重力。芯棒作为复合绝缘子机械负荷的承载部件，同时又是内绝缘的主要部件，要求它具有很高的机械强度、绝缘性能和长期稳定性；防雷绝缘子在生产制造时选用耐酸型芯棒，其抗拉强度在 1100MPa 以上，是瓷绝缘子的 5～10 倍，与优质的碳素钢强度相当，完全能满足大吨位复合绝缘子需求。

在实际的现场应用中，防雷绝缘子的芯棒直径与其额定负荷直接相关，通常防雷绝缘子额定拉伸强度与芯棒直径之间的对应关系为

$$P = \delta_t \cdot \pi \left(\frac{d}{2} \right)^2 \qquad (2-1)$$

式中：P 为最大负荷，N；δ_t 为拉伸强度，MPa，此处取 1100MPa；d 为芯棒直径，mm。

芯棒直径在满足式（2-1）的前提下，还需根据实际的运行工况进行设计，比如，10 kV 防雷绝缘子主要为支柱式，其芯棒需承受 8 kN 的抗弯负荷等。

2.1.3 防雷绝缘子电气参数设计

在进行结构设计时，防雷绝缘子需满足 DL/T 815—2021《交流输电线路用复合外套金属氧化物避雷器》要求，即做到工频工作电压与工频过电压、操作过电压作用下间隙不放电，雷击时间隙可靠击穿。

（1）工作电压及工频过电压结构参数设计。正常运行情况下，防雷绝缘子绝缘段承受部分工作电压及工频过电压。高压系统的线路侧工频过电压水平不宜超过 1.4p.u.，因此绝缘段应耐受 1.4 倍以上的工频运行电压，按绝缘子段承受系统最大工频过电压而不发生放电击穿来进行绝缘段间隙干弧距离设计。

IEC 60071 给出了空气间歇距离或绝缘子干弧距离 L（m）与交流临界放电电压峰值 U_c（kV）的计算式及图 2-7 所示的关系曲线。

$$U_c = 1061 \times (1.35k_g - 0.35k_g{}^2) \times \ln(1 + 0.55L^{1.2}) \qquad （2-2）$$

式中：L 为空气间隙距离或绝缘子干弧距离，m；k_g 为特殊塔窗的操作冲击间隙系数，对于极不均匀电场下的棒—板间隙，$k_g = 1$。

对于避雷器段外绝缘，在雷击作用下，绝缘段间隙击穿，此时残压作用于防雷段外绝缘，防雷段外绝缘闪络击穿电压应不低于防雷段残压值，防止雷电残压引发防雷段外绝缘沿面放电。

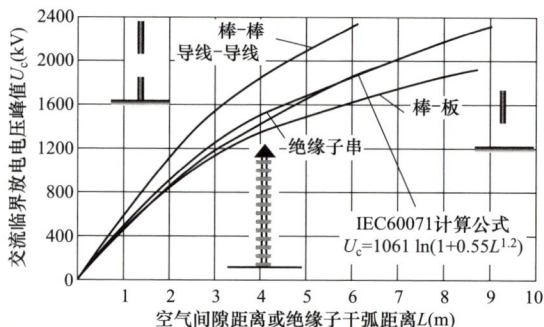

图 2-7 长空气间隙工频临界闪络电压

（2）操作过电压的影响。防雷绝缘子绝缘段间隙在承受正常操作过电压时不应发生闪络击穿。我国规程规定高压系统操作过电压不宜超过 2.0p.u.。依据以上设计准则，结合图 2-8 所示的棒—板间隙 50% 操作击穿电压与间隙距离的对应关系设计绝缘段间隙距离。

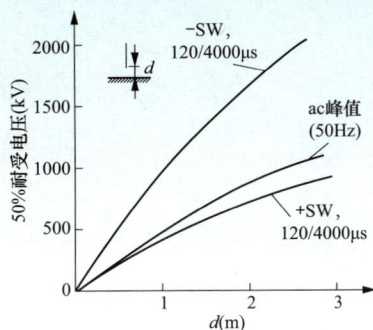

图 2-8 棒—板间隙操作冲击闪络电压

（3）雷电过电压的影响。雷击线路时，绝缘段动作闪络，雷电流经过防雷段氧化锌电阻进入接地杆塔。由于自然界负极性雷击占绝大多数，因此以负极性雷电冲击电压数据来确定绝缘段最大干弧距离。

雷电流流经防雷段氧化锌时，考虑防雷段分压的影响，防雷段承受的电压大于等于其直流 1mA 参考电压，因此，整支防雷绝缘子的动作电压为绝缘段雷电闪络电压与绝缘段直流 1mA 参考电压之和。根据现有的复合绝缘子的雷电闪络特性试验，复合绝缘子 50% 闪络击穿电压与绝缘子长度之间的对应关系如式（2-3）与图 2-9 所示。

$$U_{50\%} = 651.36L + 7.45 \quad （2-3）$$

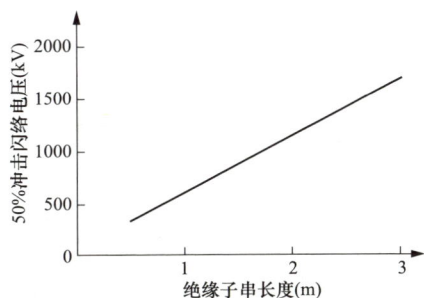

图 2-9 50% 闪络电压随绝缘子长度变化曲线

式中：$U_{50\%}$ 为绝缘子闪络电压，kV；L 为绝缘子串长度，m。不同电压等级的绝缘段击穿电压参考 DL/T 815 中关于带间隙避雷器参数标准。

（4）防雷段电气参数设计。防雷绝缘子防雷段电气性能参数设计参考带间隙避雷器相关标准，本节此处不另行讨论。

2.2　防雷绝缘子阻容性电场分布规律与绝缘耐受设计准则

传统设计准则认为，避雷器段无法承受外加电压，因此在进行外绝缘配合设计时，需要按照绝缘段耐受全部污秽与覆冰闪络电压，给防雷绝缘子外绝缘结构设计带来了诸多困难。本节在国内外现有学者的研究基础之上，基于电网防灾减灾全国重点实验室多功能人工气候实验室，进行了有限元电场仿真与人工气候试验，获得了清洁、污秽、覆冰等不同工况下的防雷绝缘子电场与电位分布特性，发现防雷绝缘子在清洁状态下由绝缘段承受外加电压、污秽和覆冰条件下由防雷段和绝缘段共同承受外加电压的电场分布规律，基于以上分布规律，提出了污秽与覆冰条件下按绝缘段和防雷段共同承受外加电压的设计原则，可以大幅降低防雷绝缘子的外绝缘结构长度，确保防雷绝缘子在杆塔窗口尺寸内安装。以上设计准则为防雷绝缘子在污秽与覆冰条件下的外绝缘结构设计提供了有力的理论支撑。

2.2.1　仿真计算模型

防雷绝缘子运行于户外自然环境下，需耐受覆冰、暴雨等恶劣环境的影响。为防止防雷绝缘子覆冰桥接导致的外绝缘闪络，设计了插花式的大小伞裙结构，为防止覆冰与暴雨时雷电流沿防雷段外绝缘闪络，设计了交错式电极结构，实现了防雷的同时防冰、防雨。分析电场与电位分布是进行防冰、防雨结构设计的前提，本书以 220 kV 电压等级防雷绝缘子为例，基于有限元分析软件开展了电场分布计算，研究防雷绝缘子在清洁、覆冰、污秽等条件下的电场与电位分布规律。

220kV 防冰防雷复合绝缘子电场仿真计算模型如图 2-10 所示，仿真模型中各材料介质参数如表 2-1 所示。

(a) 整体仿真模型　　　　　　(b) 绝缘子仿真模型

图 2-10　220 kV 防冰防雷复合绝缘子电场仿真计算模型

表 2-1　　　　　　　　仿真模型中各材料介质参数

参数	硅橡胶	环氧树脂	冰	水膜	空气
相对介电常数 ε_r	3.0	5.0	70	81	1
电导率（μS/cm）	—	—	—	300	—
厚度（mm）	—	—	可变	0.15	—

2.2.2　清洁状态下电场分布

仿真计算所得清洁状态下的电位分布云图如图 2-11 所示，图 2-11 中绝缘子挂在杆塔上，上部分为防雷段，下部分为绝缘段。

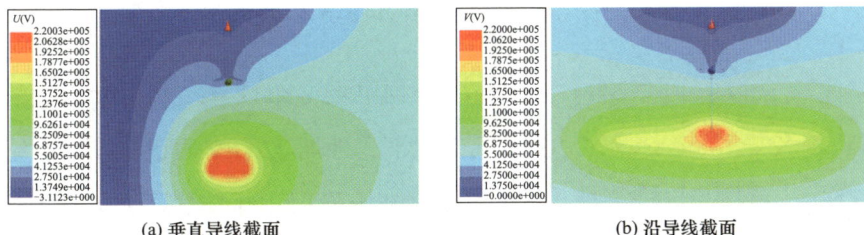

(a) 垂直导线截面　　　　　　(b) 沿导线截面

图 2-11　清洁状态下的电位分布云图

沿绝缘子长度方向上的电位分布曲线如图 2-12 所示，从图 2-12 中可以看出，绝缘段承担的电压远远大于避雷段承担的电压，避雷段的电压仅占整支绝缘子总电压的约 10%。在避雷段和绝缘段内部，电位变化趋势相对比较平缓。

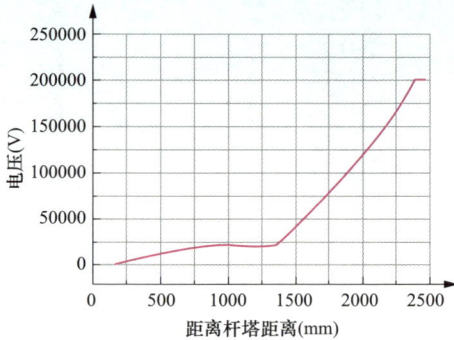

图 2-12　清洁状态下沿绝缘子长度方向上的电位分布曲线

　　仿真计算所得清洁状态下的电场强度分布云图以及电场强度曲线分别如图 2-13 和图 2-14 所示。

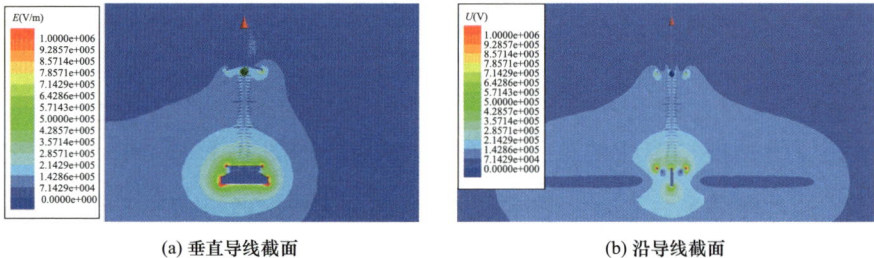

(a) 垂直导线截面　　　　　　　　　　　　(b) 沿导线截面

图 2-13　清洁状态下的电场强度分布云图

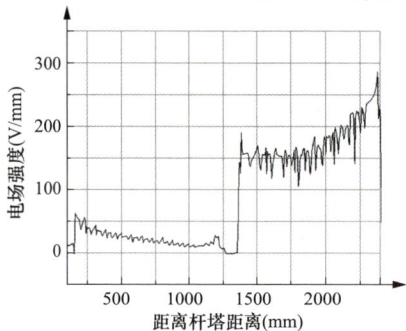

图 2-14　清洁状态下穿过绝缘子伞裙的电场强度分布曲线

　　根据电场分布计算结果可知，在清洁工况下，外加 220 kV 直流电压时，绝缘段的电场强度大于防雷段的电场强度。绝缘段的电场分布趋势为：靠近高压侧电场强度最大，绝缘段中部电场小，在靠近中部均压环处场强有所上升；防雷段两端的电场强度较高而中部场强相对

较低。总体上来说绝缘段的电场强度远远大于防雷段的电场强度。整体结构的空间电场强度最大值出现在高压侧均压环附近，最大电场强度为 10.0 kV/cm 左右，由于空间电场强度最大值没有超过空气击穿场强（30 kV/cm），因此可以认为清洁工况下电场分布基本达到工程实用要求。

根据电位分布结果可知，在清洁工况下，防雷段承受的电压降落很低，变化很缓慢（承受约 25 kV 电压）；绝缘段承受压降增加，电位迅速提高（承受约 175 kV 电压），绝缘段承受了绝大部分的压降。

2.2.3　覆冰状态下电场分布

绝缘子表面的覆冰会畸变绝缘子周围的电场，对电气外绝缘造成不良影响。对覆冰绝缘子的沿面电场分布建模如下：绝缘子伞裙上表面覆着 15 mm 厚冰层，最大伞裙下覆着一定长度的冰凌，绝缘子伞裙上表面覆有冰层，下表面冰层厚度设为 1 mm，在湿冰下冰层表面覆有 1.0 mm 厚度的水膜。

电场和电位分布云图如图 2-15 所示，冰凌长度会对绝缘子电场分布产生影响。随着冰凌长度的增加，冰凌之间及冰凌与均压环之间的空气间隙距离变短，使其中的空间最大场强增加，并引发局部电弧，最终形成覆冰绝缘子的贯穿性闪络。

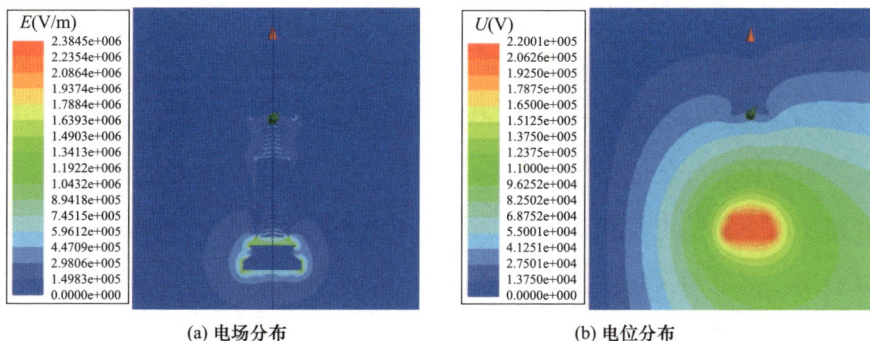

(a) 电场分布　　　　　　　　(b) 电位分布

图 2-15　绝缘子覆冰凌时垂直导线截面上的电场和电位分布云图

当绝缘子整体覆冰厚度 5 mm、存在 0.15 mm 厚水膜时，绝缘子表面伞裙的电位和电场强度分布曲线分别如图 2-16 和图 2-17 所示，湿冰状态下绝缘子表面电位呈线性分布，绝缘段与防雷段承担电压几乎相等，因此在湿冰状态下，由于水膜的电导率远远高于冰层的电导率，因而水膜主导了绝缘子表面电场分布。

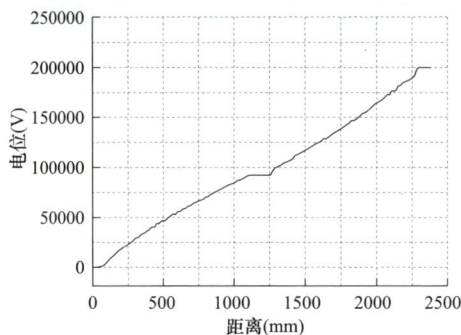

图 2-16　湿冰下防雷绝缘子表面伞裙的
电位分布曲线

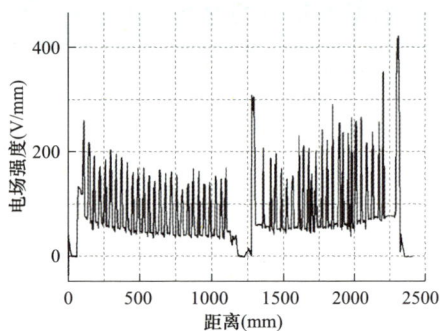

图 2-17　湿冰下防雷绝缘子表面伞裙的
电场强度分布曲线

2.2.4　污秽状态下电场分布

运行中的绝缘子，在自然环境中，受到各种各样的尘埃及大气污染等因素的影响，表面会出现一层污秽层。在干燥条件下，污秽的绝缘水平较高，对电气绝缘影响不大。但是，在阴雨甚至是冰雪天气时，污秽层中的溶于水的物质会使污秽层电导率增加，从而使绝缘子的绝缘特性下降，在污秽达到一定等级时，造成绝缘子的闪络。本书仿照覆冰的建模方式，建立了 220 kV 防雷防冰绝缘子串污秽状态下的有限元分析模型，在绝缘子表面建立一层 0.15 mm 厚的污秽层。通过仿真计算，得到污秽状态下沿绝缘子表面穿过所有伞裙的电位和电场强度分布曲线分别如图 2-18 和图 2-19 所示，可以看出，由于污秽的存在，使上、下两段绝缘子的电场分布趋于均衡，避雷段和绝缘段承受的电压几乎相同。沿绝缘子表面切线上的最大电场强度在270V/ mm 左右，满足工程实用要求。

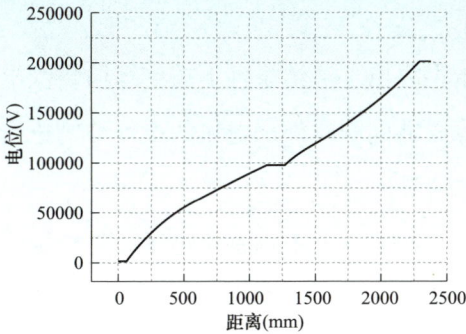

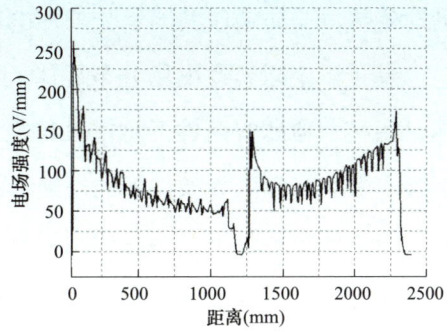

图 2-18　污秽下防雷绝缘子电位分布曲线　图 2-19　污秽下防雷绝缘子电场强度分布
曲线

2.2.5　阻容性电场分布规律与一体化绝缘配合设计准则

结合有限元电场仿真结果，建立防雷绝缘子电路等效模型，污秽下防雷
绝缘子电场分布曲线如图 2-20 所示，图中 Z_i 为绝缘段阻抗，Z_a 为防雷段阻
抗，Z_x 为绝缘段和防雷段表面污秽阻抗。

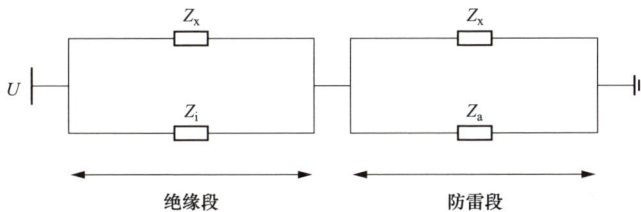

图 2-20　污秽下防雷绝缘子电路等效模型

通过试验与仿真，发现防雷绝缘子的阻容性电场分布规律如下：

在清洁条件下，防雷绝缘子表面阻抗远大于绝缘段与防雷段，因此防雷
绝缘子电场与电位分布由绝缘段和防雷段阻抗 Z_i 与 Z_a 决定，由于防雷段内
部的 ZnO 电阻相对介电常数达到 800 以上，因此防雷段电容远大于绝缘段，
$Z_x \gg Z_i \gg Z_a$，此时按清洁条件下的容性阻抗分压，绝缘段承受外加电压的
90% 左右。在污秽与湿冰条件下，防雷绝缘子表面阻抗迅速降低，防雷绝缘
子电场与电位分布由防雷绝缘子外表面污秽与覆冰决定，此时 $Z_i \gg Z_a \gg Z_x$，

此时绝缘段与防雷段共同承受外加电压。

基于以上阻容性电场分布规律，木书提出了清洁条件下按绝缘段耐受电压、污秽、覆冰等条件下防雷段与绝缘段共同耐受外加电压的设计准则进行污秽、覆冰与暴雨等条件下的外绝缘结构设计。

（1）清洁条件下，绝缘段耐受外加工频电压，根据复合绝缘子外绝缘设计相关标准，因此绝缘段爬电距离按最低 17 mm/ kV 进行设计。

（2）污秽、覆冰、暴雨等条件下，绝缘段与防雷段按绝缘段与防雷段共同耐受电压进行设计，因此防雷段与绝缘段共同的爬电距离应大于等于 17 kV/ mm，在进行产品设计时，防雷段与绝缘段爬电距离均满足 17 kV/ mm 的最低要求。

2.3 复杂环境下外绝缘伞裙与间隙结构优化

2.3.1 插花式伞裙结构

防雷绝缘子采用包含超大伞裙的插花式伞裙结构实现防覆冰闪络。重庆大学蒋兴良教授团队前期在绝缘子覆冰与污秽闪络特性方面开展了大量的研究工作，本节基于现有研究基础，在国网湖南省电力有限公司电网防灾减灾全国重点实验室开展了不同伞裙结构的绝缘子覆冰闪络试验，研究不同超大伞数量对防雷绝缘子覆冰闪络特性的影响。试验用绝缘子为不同伞裙结构的 220 kV 复合绝缘子以及防雷绝缘子，伞裙直径分别为 300、185、115、36 mm，各试品分别包含有 0、3、4、5、6 片 300 mm 直径的超大伞。由于大、中、小伞伞径相差较大，大伞对中小伞有良好的遮挡作用，进而防止伞间覆冰桥接，防止电弧闪络。

电气闪络试验在多功能人工气候室中进行，如图 2-21 所示，摆放好设备仪器并接好试验接线，并将被测试品悬挂于多功能人工气候实验室中。在人工气候实验室的葫芦吊上吊挂绝缘子。绝缘子的任何部分与除了绝缘子的

支架和喷嘴柱之外的任何接地物之间的最小间距为每 100 kV 试验电压不应小于 1.0m，并且在任何情况下不得小于 1.5m。

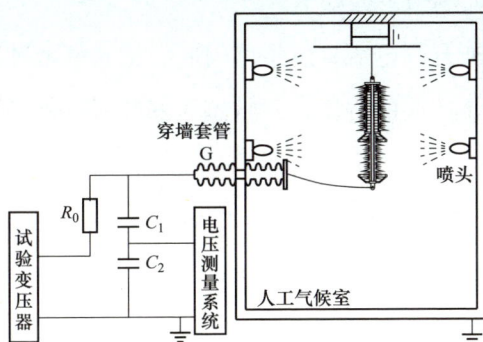

(a) 覆冰闪络试验接线　　　　　　　(b) 大型人工气候实验室

图 2-21　绝缘子覆冰闪络试验装置

采用恒压升降法进行绝缘子覆冰闪络试验，在进行绝缘子覆冰试验之前，首先将绝缘子清洗干净，去除绝缘子表面的污秽并晾干。通过改变覆冰的冰水电导率的方法来模拟自然过程中绝缘子表面的污秽。在我国的大多数覆冰地区，等效的冰水电导率为 370μS/cm。在进行试验之前，绝缘子冰水的温度被调整至 3~4℃，根据绝缘子覆冰试验标准，采用表 2-2 所示的覆冰参数进行试验。

表 2-2　　　　　　　　　　　　绝缘子覆冰参数设置

试验项目	覆冰参数
环境温度（℃）	-7~-5
覆冰水电导率（μS/cm）	300
覆冰厚度（mm）	10~30
风速（m/s）	3
降水量［L/(h·m²)］	60±20

覆冰试验开始时，启动人工气候实验室调节气候室参数，开启降雨覆冰，葫芦吊的转速设置为 1 r/min，使绝缘子覆冰达到要求的厚度，再冷冻

15 min 以上。绝缘子覆冰程度可由圆柱体的覆冰厚度来衡量，在覆冰水喷淋的有效区域内，放置圆柱体，直径为 25～30 mm，长度为 600 mm，圆柱体表面冰层厚度反映覆冰量。覆冰后的闪络试验如下：

（1）对被测试品施加电压，不断升高电压，发生冰闪后，记录好覆冰闪络电压以及该覆冰状态下避雷段和覆冰段的分压比，将调压器归零，断开电源，放电，挂接地线。

（2）冰闪试验需要记录覆冰厚度 15、20、25 mm 几种状态下的闪络电压，若未达到预定的覆冰等级，则继续进行绝缘子覆冰，并重复进行覆冰与闪络试验。

（3）试验完成后，确认已断开电源，放电，挂接地线。

（4）重复步骤（1）～（3），直至将覆冰复合绝缘子的闪络试验做完，拆除接线，恢复现场。

绝缘子覆冰过程：随着覆冰时间的不断增长，绝缘子表面覆冰厚度不断增加，覆冰厚度与覆冰时间基本呈线性关系，绝缘子伞裙两端冰凌不断变粗变厚，冰凌增长速度逐渐变缓，各个冰凌逐渐合并，最终呈现出圆柱形的冰柱，如图 2-22 所示，普通伞裙结构的绝缘子，其伞裙容易被冰凌桥接，而带有超大伞裙结构的绝缘子在重度覆冰条件下，可以形成空气间隙。

覆冰闪络过程：对重覆冰条件下的绝缘子进行了覆冰闪络试验，绝缘子闪络过程如图 2-23 所示，其中图 2-23（a）表示普通复合绝缘子闪络过程，图 2-23（b）表示防冰防雷绝缘子闪络过程。由图 2-23 可知，当电压升高时，首先在绝缘子中部冰凌间隙处出现淡蓝色电晕，在绝缘子接地端与高压端电场强度大的地区出现白色的局部电弧，随着外加电压继续升高，更多的地区出现蓝色电晕，且绝缘子端部的电弧不断生长。最后，当绝缘子两端电压达到击穿电压时，中部电源发展成为电弧，并与绝缘子两端电弧连接，电弧沿绝缘子冰层表面以及冰凌之间的空气间隙之间发生击穿，引发绝缘子覆冰闪络。

对于不同结构的绝缘子，试品的 50% 闪络电压与覆冰厚度之间的关系

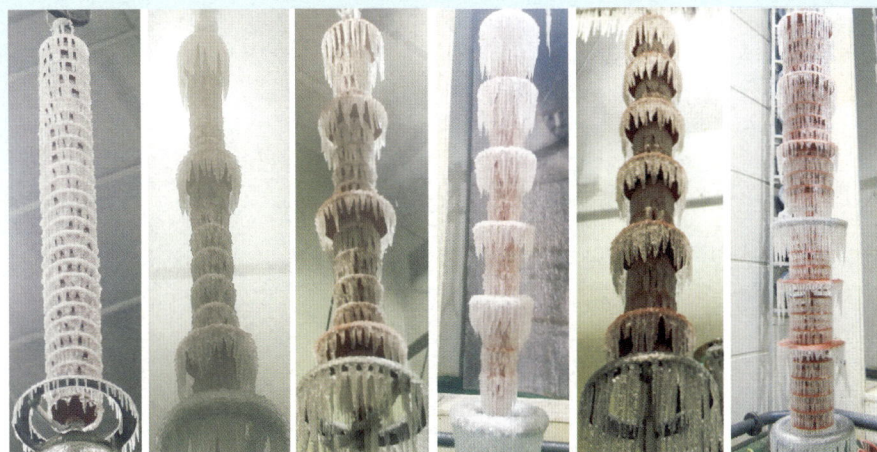

类型A　　　类型B　　　类型C　　　类型D　　　类型E　　　类型F

(a) 15mm厚度覆冰条件下试品覆冰照片

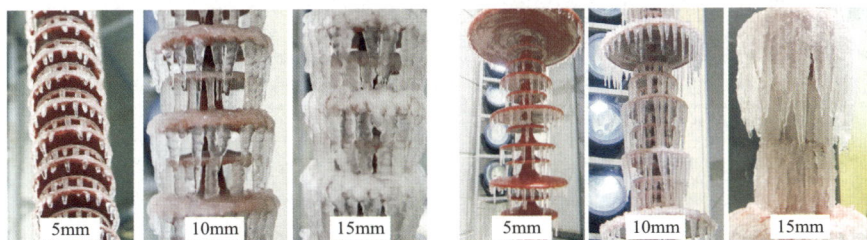

5mm　　10mm　　15mm　　　　　5mm　　10mm　　15mm

(b) 不同覆冰程度下普通伞裙覆冰形态　　　(c) 不同覆冰程度下超大伞裙覆冰形态

图 2-22　绝缘子覆冰形态

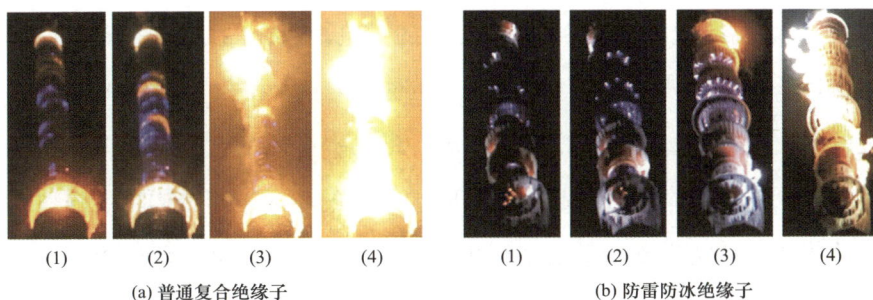

(1)　　(2)　　(3)　　(4)　　　　(1)　　(2)　　(3)　　(4)

(a) 普通复合绝缘子　　　　　　(b) 防雷防冰绝缘子

图 2-23　绝缘子覆冰闪络过程

如图 2-24 所示，由绝缘子覆冰闪络试验电压可知，随着覆冰厚度的不断增加，绝缘子覆冰闪络电压不断降低，最终逐渐趋于饱和。

根据不同覆冰厚度下绝缘子表面覆冰状态，最优可能的绝缘子闪络路径

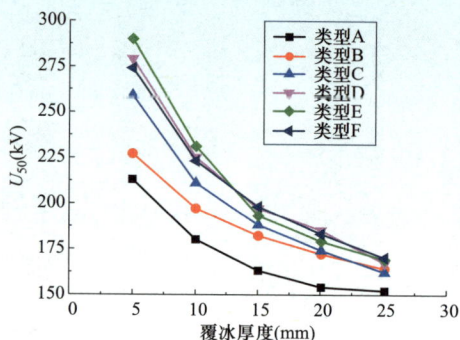

图 2-24 绝缘子覆冰闪络过程

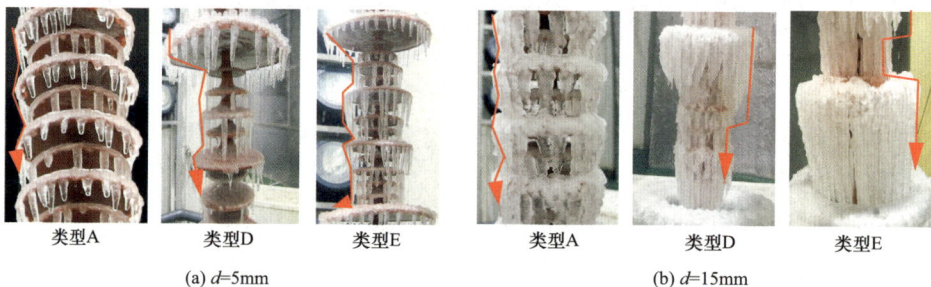

| 类型A | 类型D | 类型E | 类型A | 类型D | 类型E |
| (a) *d*=5mm | | | (b) *d*=15mm | | |

图 2-25 不同覆冰程度下绝缘子伞裙结构与闪络路径

如图 2-25 所示，覆冰状态下，电弧沿冰凌以及冰凌之间的空气间隙闪络。在轻度覆冰情况下，绝缘子伞裙未发生桥接，绝缘子主要沿覆冰沿面闪络，此时拥有大伞裙结构的绝缘子具有更大的爬电距离，因此，闪络电压更高。重度覆冰下（覆冰厚度大于 15 mm），普通伞裙发生桥接，而 $\phi300$ mm 以上直径的超大伞裙结构可以提供空气间隙，进而提高闪络电压。

然而，当超大伞裙数量超过 4 片时，过多的超大伞裙结构也会缩短冰凌之间的距离，相关设计人员根据绝缘子运行地区实际覆冰厚度配置相应的大伞裙数量。

2.3.2 交错式放电间隙

对于 10 kV 防雷绝缘子，由于绝缘距离较短，其间隙在覆冰与暴雨条件下易被桥接，进而引发沿面闪络放电现象。目前国内外关于淋雨条件下空气

间隙和绝缘子的击穿和闪络性能进行了研究，发现随着雨电导率和降雨强度的增加，电气设备的绝缘性能降低。现场应用情况表明，在覆冰、暴雨等条件下，易发生沿面闪络（见图 2-26），以上现象尤以低电压等级为重。

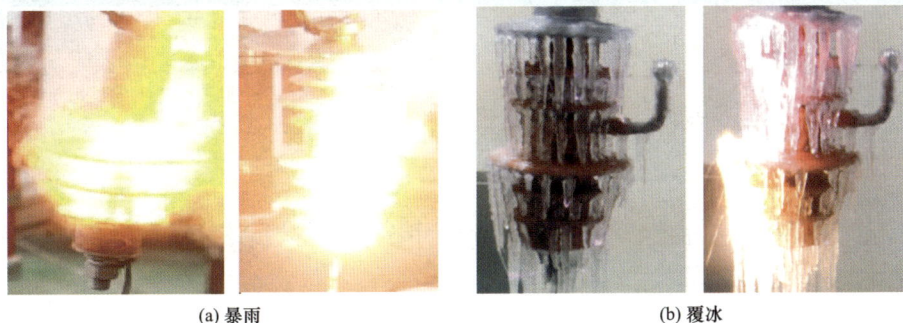

(a) 暴雨　　　　　　　　　　　　　　　　(b) 覆冰

图 2-26　暴雨与覆冰条件下雷击导致的沿面闪络

　　针对上述情况，本节以 10 kV 防雷绝缘子为例，通过实验研究了暴雨与覆冰条件下的外绝缘闪络特性的影响，并基于以上研究，提出了防雷绝缘子的交错式放电间隙，确保覆冰与暴雨条件下防雷绝缘子雷击不发生外绝缘闪络。

2.3.2.1　覆冰闪络

　　为研究覆冰对防雷绝缘子放电间隙的影响规律，开展防雷绝缘子覆冰条件下的闪络试验。试品为盘形和针形两种间隙结构的 10 kV 防雷绝缘子，其结构如图 2-27 所示，被测试品分为间隙段和本体段两部分，间隙段主要由绝缘材料环氧树脂组成，外部包裹有硅橡胶伞裙，间隙段外部并联有金属间隙，本体段由氧化锌电阻以及硅橡胶伞裙组成，本体氧化锌电阻的额定电压为 13 kV，试品两端安装有金具连接件。

　　采用联合加压试验装置进行覆冰下的绝缘子闪络试验。试验前，对防雷绝缘子进行表面覆冰，并在绝缘子两端施加 10 kV 额定运行电压（5.7 kV），当覆冰逐渐开始融化并出现表面水膜时，在试品两端施加 100 kV 以上的冲击闪络电压。通过分压器与分流器测量冲击电压击穿后试品的两端的电压以

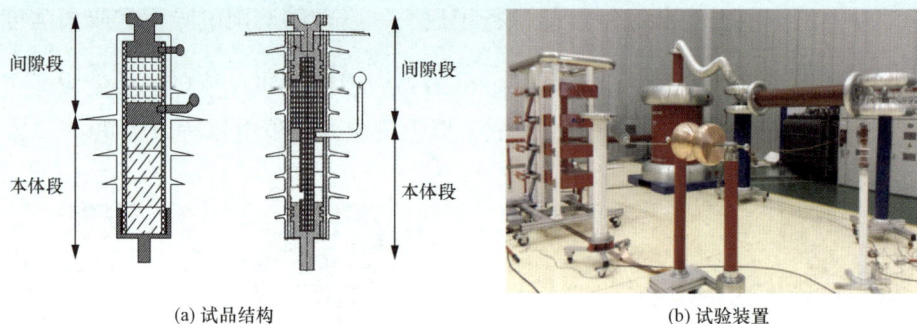

(a) 试品结构 　　　　　　　　　　　　　　　(b) 试验装置

图 2-27 　试品及试验装置

及流过试品的电流波形，并记录试品的闪络特性。防雷绝缘子覆冰形态与闪络照片如图 2-28 所示。

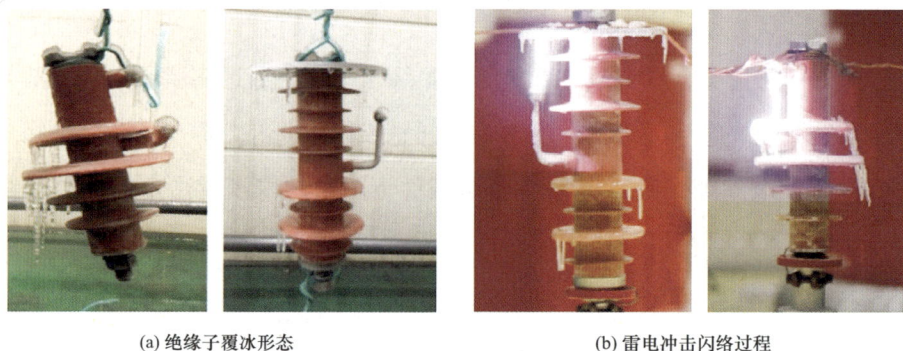

(a) 绝缘子覆冰形态 　　　　　　　　　　　　(b) 雷电冲击闪络过程

图 2-28 　防雷绝缘子覆冰形态与闪络照片

由防雷绝缘子覆冰形态下的雷电闪络形态可知：球—球形态的电极结构在覆冰下易发生外绝缘覆冰，覆冰下遭受雷击时易发生沿面闪络，进而导致伞裙烧灼甚至外绝缘闪络。由于球—板电极结构良好的遮蔽性能，防雷绝缘子在覆冰下可以确保雷电电弧沿放电间隙、ZnO 电阻的路径发展。

2.3.2.2　暴雨闪络

为研究不同角度球—板电极对防雷绝缘子放电形态的影响，在湖南电网防灾减灾全国重点实验室的多功能人工气候室中开展了防雷绝缘子的降雨闪络试验。淋雨闪络电压试验电路如图 2-29 所示，电源由试验变压器产生，

并通过穿墙套管引入到人工气候室中、R_0 为保护电阻，电容分压器用于测量试品两端的电压，S 为试品，试品高压端子连接到测试变压器的输出，低压端接地。

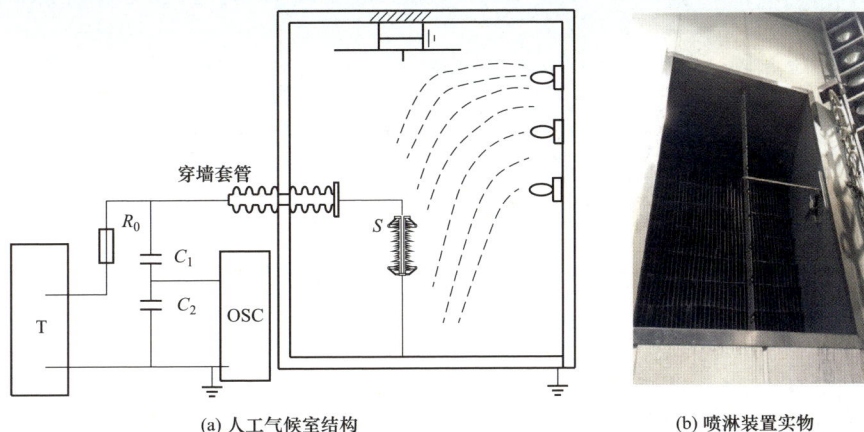

(a) 人工气候室结构　　　　　　　(b) 喷淋装置实物

图 2-29　淋雨闪络电压试验电路

试验试件由 2 种 10 kV 空气间隙避雷器组成，如图 2-30 所示，类型 1 试品的球状电极位于板状电极正下方，类型 2 试品的电极伸出板状电极 38 mm。

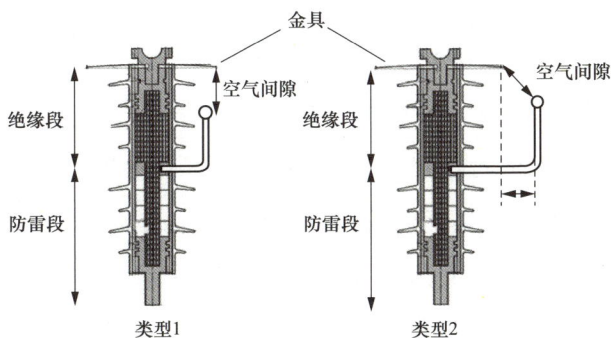

图 2-30　试品结构图

在试验时，根据操作经验，降雨强度的范围为 0～14 mm/ min，雨水电导率 γ 的范围为 500～2000μS/cm，风速范围为 0～8m/s。按照标准化程序对人工降雨的降水量、喷雨角度进行测量和校核，并采用恒压升降法来研究棒—板电极空气间隙避雷器在雨条件下的交流闪络电压。

（1）雨水电导率已经降雨强度对闪络电压的影响。如图 2-31 所示，其中 I 为降雨强度，mm/min；γ 为校正到 20℃时的雨水电导率，μS/cm；v 是风速，m/s。由试验结果可知，随着雨水电导率的增加，闪络电压降低，最大降低程度为 5.8%。

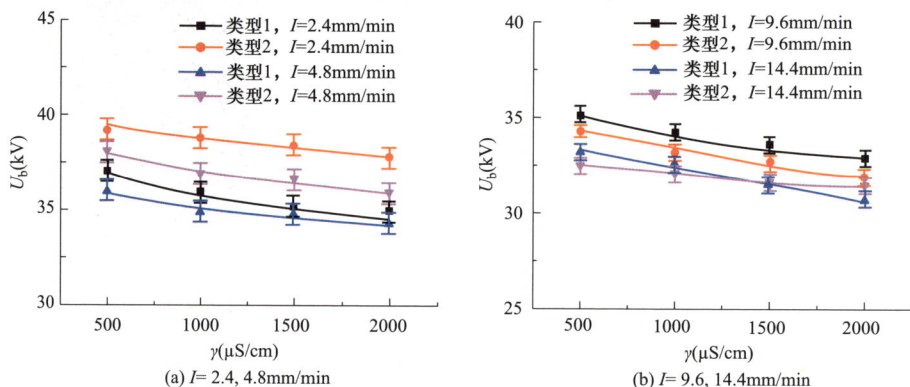

(a) I= 2.4, 4.8mm/min　　　　(b) I= 9.6, 14.4mm/min

图 2-31　雨水电导率对闪络电压的影响

（2）降雨强度对闪络电压的影响。降雨强度对闪络电压的影响如图 2-32 所示，随着雨强的增加，闪络电压降低量小于 10%。图 2-33 为试品的降雨闪过程，在初始放电状态下水流和下电极之间出现局部电弧，随着闪络过程的进行，局部电弧沿水流和避雷器的空气间隙发展。在正常工作条件下，10 kV 避雷器上施加的交流电压为 5.8 kV/s，通常不会造成外绝缘闪络。

为分析降雨的影响，采用有限元仿真软件 Ansoft 研究了试品在降雨条件下的电场分布。仿真模型如图 2-34（a）所示，ZnO 压敏电阻、硅橡胶和环氧树脂的相对介电常数分别为 800、3、6。金属配件是理想的导体。试验试件的工作电压频率为 50Hz，50Hz 交流电场为准静态场，可近似视为准静态场。在高压端子上施加 5.8 kV 直流电压（10 kV 系统相电压均方根值），得到电场分布如图 2-34（b）、（c）所示。

由于降雨的影响，电极之间的空气间隙承受了大部分外加的电压。因

(a) $I=500$，$1000\mu S/min$ (b) $I=1500$，$2000\mu S/min$

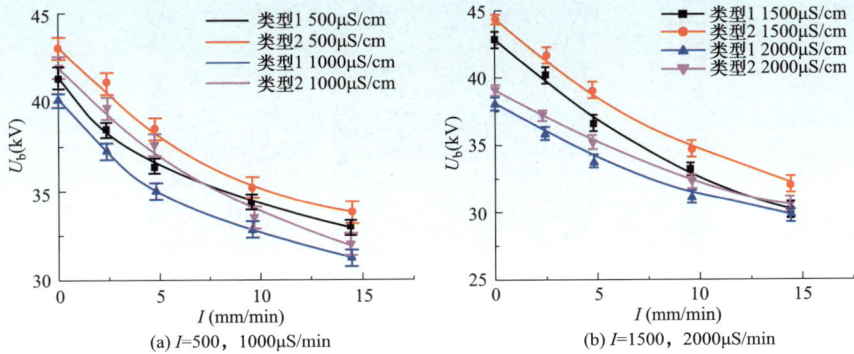

图 2-32 降雨强度对闪络电压的影响

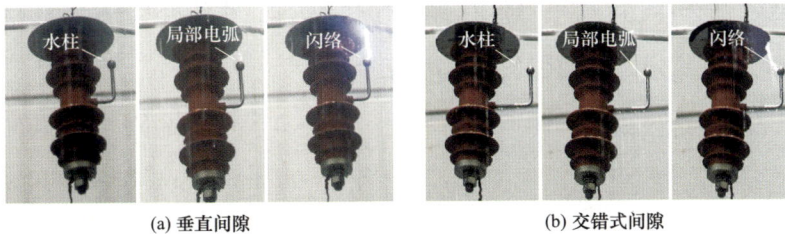

(a) 垂直间隙 (b) 交错式间隙

图 2-33 试品雨闪过程

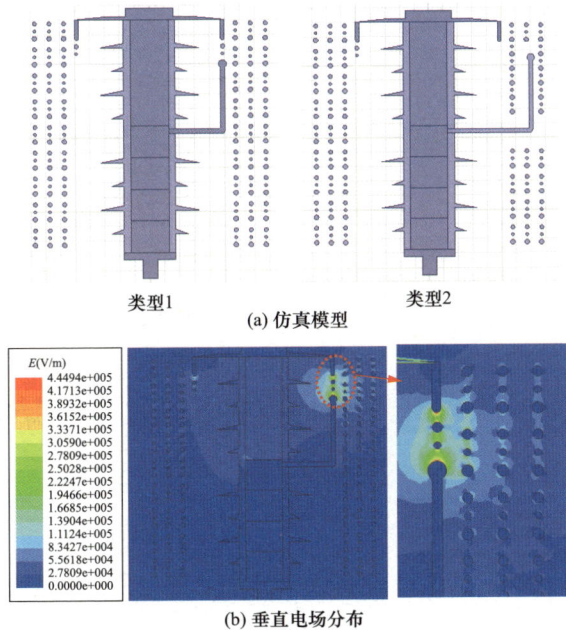

类型1 (a) 仿真模型 类型2

(b) 垂直电场分布

图 2-34 降雨条件下的电场仿真（一）

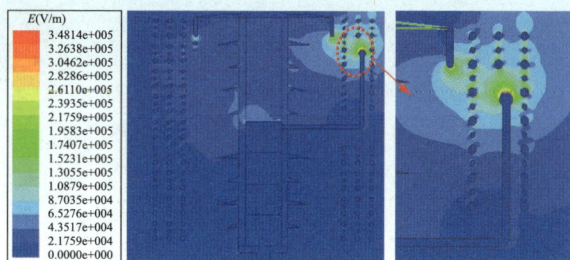

(c) 交错式结构电场分布

图 2-34　降雨条件下的电场仿真（二）

此，水流、雨滴和电极之间的空气间隙中的电场要高得多，局部放电最先发生在绝缘段放电间隙之间。随着降雨强度的增加，水流变长，使得绝缘段电极之间的空气变短，进而引发击穿闪络。

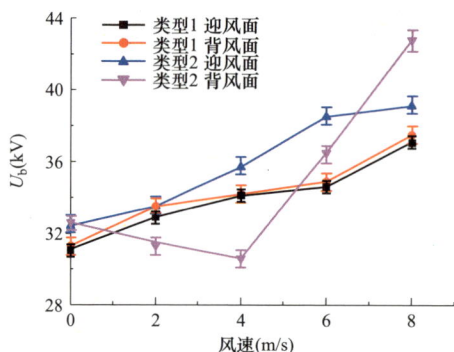

图 2-35　风速对闪络电压的影响

（3）风对样品闪络电压的影响。当 $I=9.6$ mm/min 和 $\gamma=500\mu S/cm$，风对样品闪络电压的影响如图 2-35 所示。从图 2-35 可以看出，对于类型 1 试品，在迎风和背风方向闪络电压均有上升。对于类型 2 试品，当空气间隙为迎风方向时，闪络电压随风速增大而增大，当空气间隙为背风方向时，闪络电压在 4m/s 前减小，随着风速继续增大，闪络电压增大。

当风速为 4m/s 时，试样的闪络路径如图 2-36（a）所示，在迎风方向，由于风的影响，水流被破坏。导致了更高的闪络电压，对于类型 1 试品垂直放电电极，闪络电弧的一部分沿着硅橡胶伞裙发展。但在背风方向，闪络路径受风的影响较小。

从测试结果可以看出：

（1）在降雨条件下，绝缘段间隙承受了大部分的外加电压，闪络路径经水柱、空气间隙以及防雷段内部的电阻片发展绝缘段表面无闪络现象。

| 迎风面 | 背风面 | 迎风面 | 背风面 |

(a) 普通放电间隙　　　　　　　　　　(b) 交错式放电间隙

图 2-36　风对闪络路径的影响

（2）随着降雨强度和电导率的增加，带间隙避雷器的雨闪电压降低 10% 左右。风速对闪络电压的影响要更加明显，随着风速的增加，防雷绝缘子闪络电压可能上升 30%。

（3）当棒状电极与伞裙过于靠近时，闪络电弧容易沿伞裙表面发展，所以，为了提高避雷器的雨闪特性，采用交错式间隙结构可以更好地防止间隙发生沿面闪络。

第 3 章

大通流环形 ZnO 电阻

防雷绝缘子防雷的关键是大通流 ZnO 电阻。从 20 世纪 90 年代至今，国内外多个院校和厂家从配方和工艺等多个角度开展了相关研究，取得了可喜的进步。但对于无架空地线的 10～35 kV 线路，以及重覆冰区取消地线的输电线路而言，现有避雷器用 ZnO 电阻防雷通流能力仍然有限，难以耐受无架空地线条件下的直击雷，导致 10～35 kV 避雷器雷击损坏故障频发。与此同时，现有 ZnO 电阻主要为饼形结构，而防雷绝缘子采用环形 ZnO 电阻，环形 ZnO 电阻在烧结过程中内外环同时受热。因此对原料粉体的均匀度要求更高；环形 ZnO 电阻增加了内侧面绝缘，雷击时内绝缘侧面闪络风险更高。针对以上问题，本章主要开展了以下创新工作：

（1）仿真分析了防雷绝缘子在有无架空地线条件下的通流能力需求，提出了配电网防雷绝缘子 4/10 μs 整支 100 kA 以上通流能力指标。

（2）分析了 Bi_2O_3、SiO_2、NiO 等多种添加剂对 ZnO 电性能的影响，并提出了基于 Bi_2O_3，Ag_2O，B_2O_3 等多元掺杂的大通流熔融 ZnO 电阻配方。

（3）研究了不同烧结温度对 ZnO 电阻电性能的影响，分析了 Bi_2O_3 晶体形态演化过程，提出了基于降温曲线的 α-Bi_2O_3 晶体形态调控方法以及基于热处理工艺的 γ-Bi_2O_3 晶体形态调控方法。

（4）研究了大通流环形 ZnO 电阻关键技术，为防止大电流冲击下环形 ZnO 电阻出现故障，提出了原料粉体更加均匀的高速砂磨技术以及侧面闪络电压更高的侧面绝缘釉技术，实现环形 ZnO 电阻通流能力提升。

基于以上技术，研制了 100 kA 以上大通流环形 ZnO 电阻，为防雷绝缘子提供了防雷的关键元器件。

3.1　输电线路防雷仿真与防雷绝缘子通流能力计算

3.1.1　典型地区雷电活动特征

湖南地区的雷电强度代表了全国大多数地区的平均水平，且防雷绝缘子在湖南地区应用最为广泛，因此以湖南地区雷电参数为基础进行防雷绝缘子通流能力参数整定，对于雷击特别严重的海南等地区，防雷绝缘子通流能力参数需另外计算。

雷电定位系统查询湖南省某地区 2012—2016 年雷电数量和雷电流参数分布如表 3-1 所示，2014—2016 年的雷电流幅值分布图如图 3-1 所示，湖南省平均地闪密度为 2.65 次 /（km² · a），2012—2016 年 5 年内 50% 概率雷电流幅值的平均值约 23.5 kA，雷电统计结果表明，当雷电流幅值高于 65 kA 时，出现的概率仍有 10% 左右；当雷电流幅值高于 100 kA 时，出现的概率仅为 1% 左右。

表 3-1　　湖南省某地区 2012—2016 年雷电数量和雷电流参数分布

年份	雷电个数	正雷电个数	负雷电个数	正平均电流（kA）	负平均电流（kA）	地闪密度［次 /（km² · a）］
2012	332260	64169	268091	47	−72.58	1.5686
2013	596412	148310	448102	29.04	−38.48	2.8156
2014	567396	121283	446113	24.8	−29.44	2.6786
2015	838613	213514	625099	24.12	−31.56	3.9590
2016	473498	106135	367363	26.49	−30.62	2.2353
平均	561636	130682	430954	30.29	−40.54	2.6514

根据湖南省历史雷电统计数据，基于规程法计算了 10 kV 配电网线路安装防雷绝缘子前后的雷击跳闸率，如表 3-2 所示。在不装设防雷绝缘子时，输电线路雷击跳闸率为 13.29 次 /（100 km · a），与统计数据基本吻合。

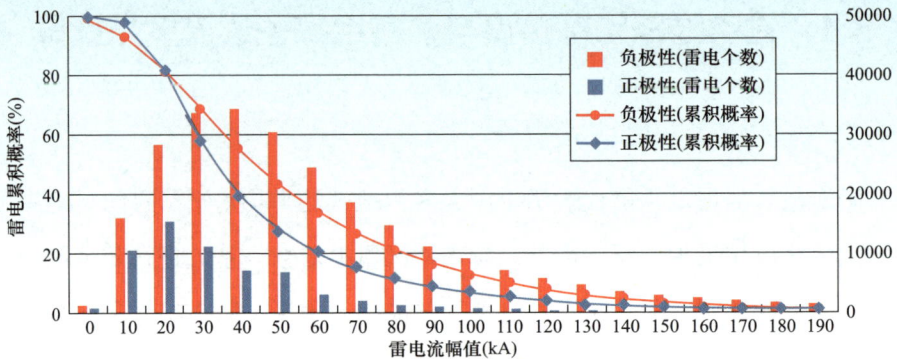

(a) 2014年雷电流幅值分布

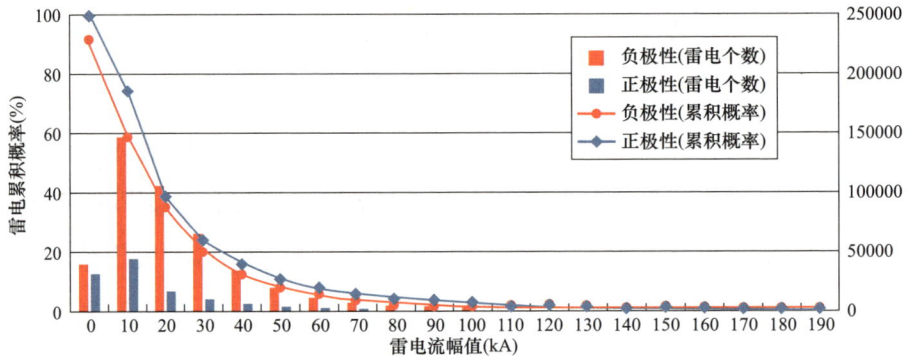

(b) 2015年雷电流幅值分布

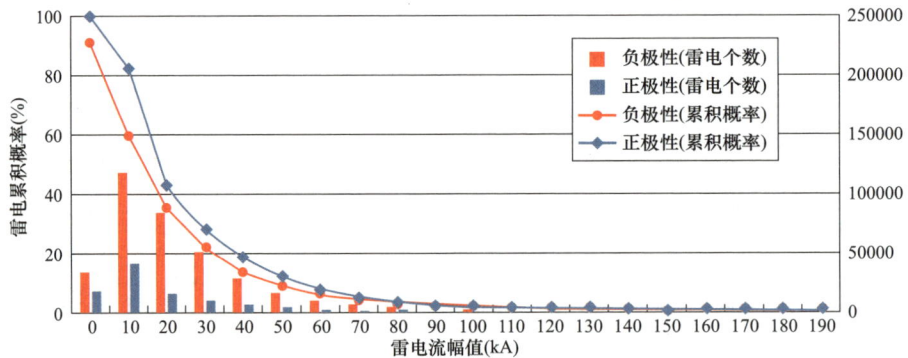

(c) 2016年雷电流幅值分布

图3-1　2014—2016年湖南省雷电流幅值分布图

表3-2　未安装防雷绝缘子的配电网雷击跳闸率［次/（100km·a）］

类型	雷击杆塔跳闸率	雷击导线跳闸率	感应雷击跳闸率	总跳闸率
雷击跳闸率	2.99	2.99	7.31	13.29

3.1.2　防雷绝缘子自然雷电流耐受能力

在仿真软件中建立无地线输配电线路雷击暂态等效计算模型，如图 3-2 所示，杆塔之间的档距为 50m，防雷绝缘子等效为间隙串联氧化锌本体。氧化锌电阻本体的伏安特性曲线由表 3-3 确定。根据湖南地区典型土壤电阻率与杆塔结构，杆塔接地电感为 5μH，接地电阻为实测 300Ω。

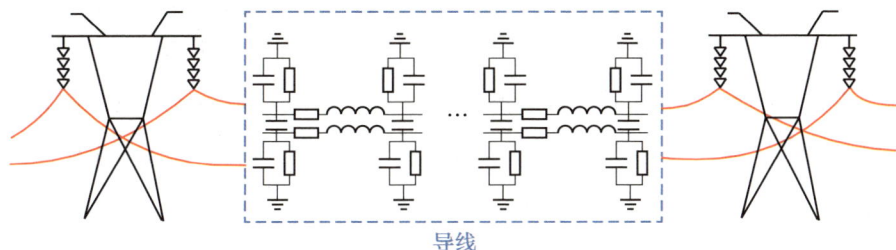

图 3-2　无地线输配电线路雷击暂等效计算模型

表 3-3　　　　100 kA 以及 65 kA 防雷绝缘子对应的伏安特性

100 kA 防雷绝缘子伏安特性数据		65 kA 防雷绝缘子伏安特性数据	
4/10 μs 电流幅值（kA）	防雷段残压（kV）	4/10 μs 电流幅值（kA）	防雷段残压（kV）
8.5	39.4	1.71	36.87
14.42	42.48	8.33	43.17
22.63	45.16	9.86	44.25
31.68	48.48	—	—
40.41	50.92	—	—
58.94	53.96	—	—
67.67	55.8		

不同 ZnO 电阻对应的残压如表 3-3 所示，在电阻片通流范围内，防雷绝缘子防雷段残压不可能造成外绝缘闪络，因此在计算雷击跳闸率时忽略因残压过高引起跳闸的情况，当避雷器中雷电流能量超过能量耐受值，则避雷器炸裂损坏，线路故障跳闸。不同 4/10 μs 通流能力 ZnO 电阻的对应的能量吸收能力如表 3-4 所示，65 kA 防雷绝缘子耐受自然界雷电冲击为

11.81 kA，100 kA 防雷绝缘子耐受自然界雷电冲击为 31.48 kA。

表 3-4　　　　　　　三种类型防雷绝缘子电气参数对比

类型	可承受能量（J）	10 kA 残压（kV）	耐受 2.6/50 μs 雷电流（kA）
65 kA	13746	44.25	11.81
100 kA	37388	45.16	31.48
150 kA	52988	45.16	44.61

本书根据计算不同通流能力的防雷绝缘子对应的雷击跳闸率。

（1）雷击导线跳闸率。以线路遭受 40 kA 负极性雷电流直击为例，如图 3-3 所示，杆塔上全线安装通流能力为 65 kA 的防雷绝缘子，输电线路档距为 50m，输电线路杆塔接地电阻为 300Ω，当雷电直击输电线路档距中央时，得到雷击点一侧防雷绝缘子的入地电流和两端电压波形分别如图 3-4（b）、（c）所示。

从能量的角度进行分析，加装不同通流能力防雷绝缘子后的雷击导线耐雷水平以及跳闸率如表 3-5 所示。

表 3-5　　加装不同通流能力防雷绝缘子后的雷击导线耐雷水平及跳闸率

防雷绝缘子通流能力（kA）	单个绝缘子耐受 2.6/50 μs 雷电流能力（kA）	雷击导线耐雷水平（kA）	雷击导线跳闸率 [次/（100km·a）]
65	11.81	42.94	0.392
100	31.48	114	0.06
150	44.61	164	0.02

（2）雷击杆塔跳闸率。当雷电直击电流幅值为 100 kA，雷电击中杆塔时，雷击点杆塔电压以及雷击点一侧各个位置处的电压电流波形如图 3-4 所示，流过单个防雷绝缘子的雷电流幅值为 27.5 kA。遭受雷击的杆塔处防雷绝缘子动作，一部分雷电流通过防雷绝缘子注入输电线路，并引起周边的防雷绝缘子动作。由于防雷、防冰闪复合绝缘子具有良好的熄弧效果，因此不会引起输电线路跳闸。

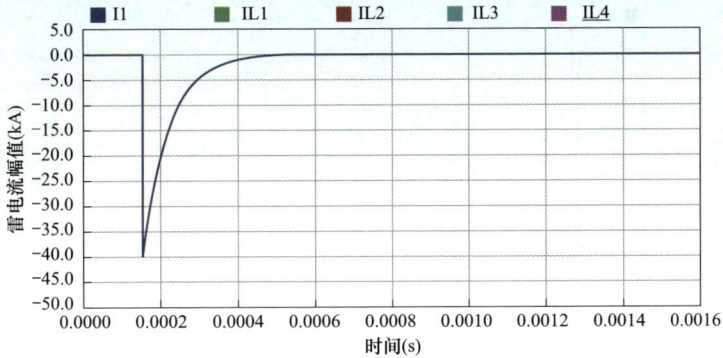

(a) 雷电电流波形

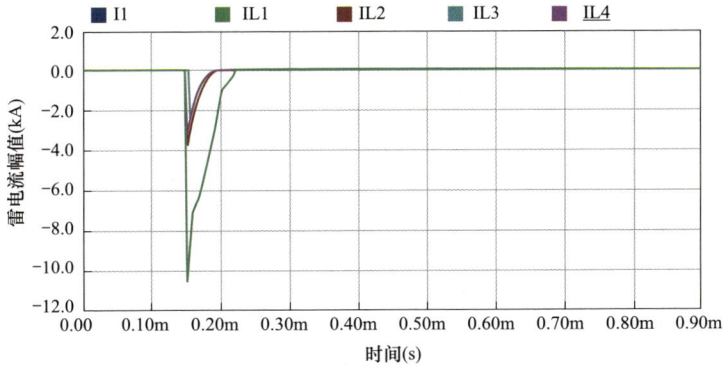

(b) 防雷绝缘子入地电流波形

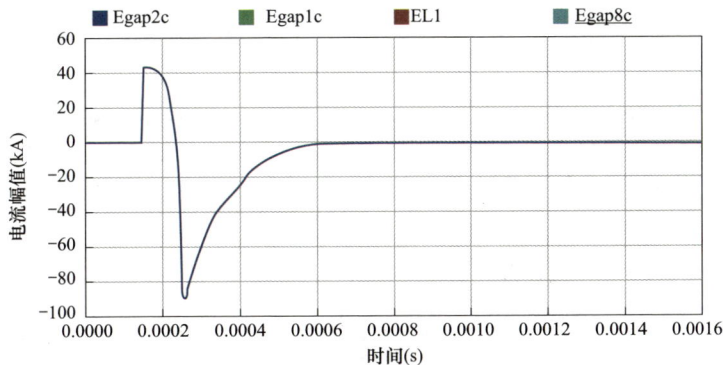

(c) 防雷绝缘子两端电压波形

图 3-3　直击情况下全线加装防雷、防冰绝缘子仿真波形

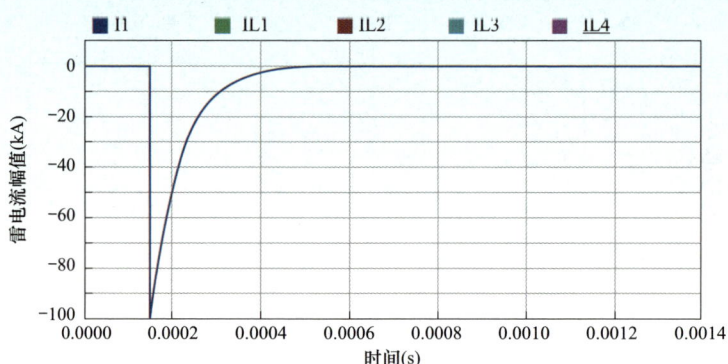

(a) 遭雷击杆塔流过防雷、防冰绝缘子电流

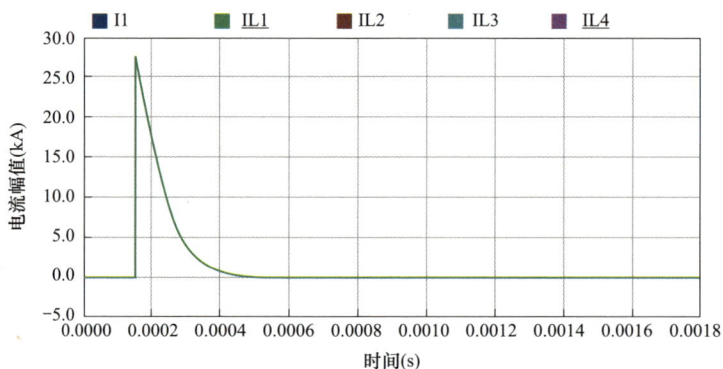

(b) 流过周边杆塔防雷绝缘子的电流

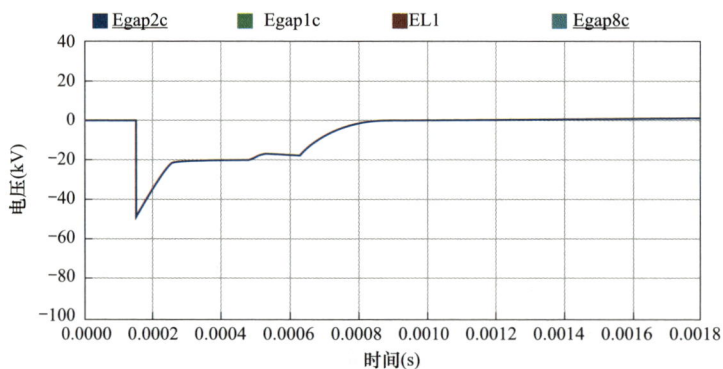

(c) 防雷绝缘子两端电压

图 3-4　反击情况下全线加装防雷绝缘子仿真波形

从能量的角度进行分析，加装不同通流能力防雷绝缘子之后的杆塔耐雷水平如表 3-6 所示。

表 3-6　　　　加装不同通流能力防雷绝缘子后的杆塔耐雷水平

防雷绝缘子通流能力（kA）	单个绝缘子耐受 2.6/50 μs 雷电流能力（kA）	雷击杆塔耐雷水平（kA）	雷击杆塔跳闸率 ［次/（100km·a）］
65	11.81	42.94	0.34
100	31.48	114.47	0.03
150	44.61	164	0.01

（3）感应雷击跳闸率。感应雷电流通常不超过 10 kA，考虑到感应雷雷击最严重的情况，雷电流幅值为 10 kA，雷击点距线路的距离为 65m，得到感应雷击过电压为 384 kV。

安装防雷绝缘子后，输电线路感应雷过电压如图 3-5 所示，由仿真结果可知，由于感应雷能量很小，当安装防雷绝缘子后，防雷绝缘子可以将线路上感应的雷电流导入地面。在全线安装防雷绝缘子后，感应雷对输电线路造成的危害很小，可以忽略不计。

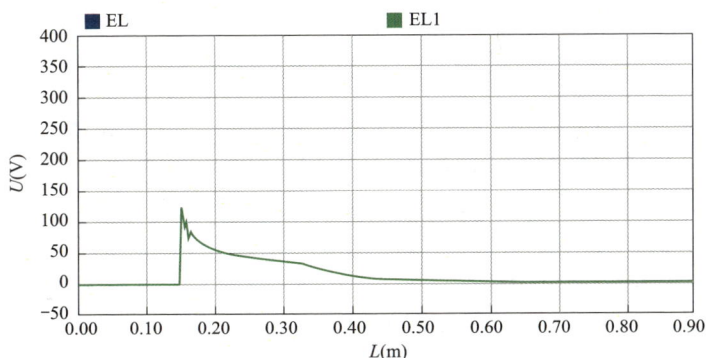

图 3-5　输电线路感应雷作用下防雷绝缘子两端电压

由以上计算可知，对于配电网线路而言，通常杆塔接地电阻大，雷电流从多基杆塔入地，ZnO 避雷器与防雷绝缘子的保护范围仅仅为杆塔本身，雷电流的分流系数与 ZnO 避雷器以及防雷绝缘子本体关系不大。

3.1.3　防雷绝缘子配置原则

　　基于上节建立的输电线路杆塔模型，计算得到当线路安装 65 kA 防雷绝缘子时，线路遭受 20、40、60 kA 雷电流时，流过各级杆塔防雷防冰绝缘子的电流幅值如图 3-6（a）所示。当雷电流为 60 kA 下，不同接地电阻下雷电流的分布如图 3-6（b）所示。若存在某基杆塔未安装防雷绝缘子，此时在相邻档距线路遭受雷击时，该杆塔上也会存在一定过电压，此时未安装防雷绝缘子的杆塔成为线路的薄弱点，薄弱点位置的闪络跳闸次数相对于未安装防雷防冰绝缘子有所增加。仿真同时表明在较大的接地电阻下，雷电流的传播距离要明显高于较小接地电阻。30Ω 以下在距离雷击点第 6 基杆塔之后无雷电流。在 300～1000Ω，在距离雷电流 10 基杆塔上仍有较大雷电流。因此在较大的接地电阻下雷电流释放能力下降，但安装了防雷绝缘子的杆塔由于电阻片对电压的钳制作用不会出现闪络跳闸，且安装的线路长度应加长（档距数增加）。

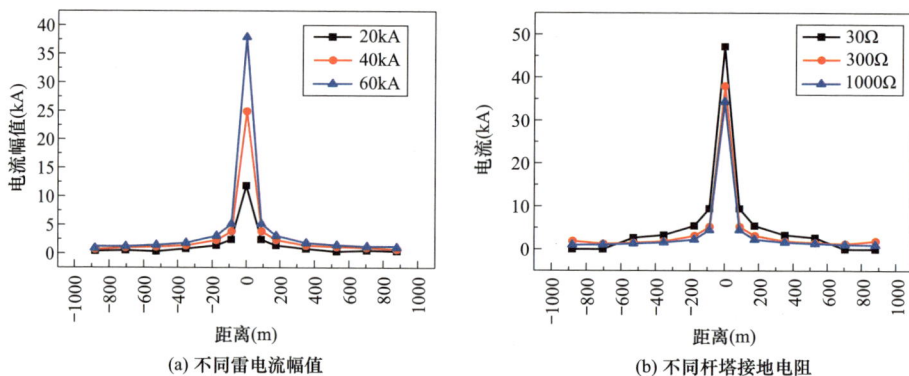

(a) 不同雷电流幅值　　　　　　　(b) 不同杆塔接地电阻

图 3-6　不同雷电流幅值和杆塔接地电阻下的电流分布

　　当线路遭受雷击时，线路邻近的杆塔均会同时动作。而防雷绝缘子的保护范围仅仅为杆塔本身，若进行间隔布置（插花式）安装，则当邻近档距的线路遭受雷击时，未安装防雷绝缘子的杆塔会发生雷击跳闸。因此，为保证 10 kV 配电网线路运行安全，配电网防雷绝缘子应当尽量全线安装。

　　根据以上仿真结果，在雷击频繁的高土壤电阻率地区，防雷绝缘子需连续安装，而对于雷击较少地区，隔基杆塔安装即可防治感应雷。本节根据仿真计算结果，结合现场应用经验，提出 10 kV 配电网防雷绝缘子配置原则：

　　地闪密度等级为 D1、C2 或 C1 级区域内的新建或在运配电线路，应依据地闪密度分布、线路历史雷击故障位置和特殊地形地貌信息差异化开展区段防雷应用，如表 3-7 所示。

表 3-7　　　　　　　　配电网线路防雷绝缘子差异化配置原则

地闪密度等级	历史雷击故障点附近	特殊地形地貌				其他杆塔区段
		山脊（山顶）区段	跨越山谷区段	山腰区段	空旷地区的沿河湖（含跨越区段）	
C1	历史雷击故障杆塔及前后各 3 基杆塔（共 7 基）连续安装	区段及两端各延伸 2 基连续安装		区段隔两基安装 1 组		隔三基安装 1 组
C2	历史雷击故障杆塔及前后各 4 基杆塔（共 9 基）连续安装	区段及两端各延伸 3 基连续安装				
D1	历史雷击故障杆塔及前后各 5 基杆塔（共 11 基）连续安装	区段及两端各延伸 4 基连续安装				

3.2　ZnO 电阻的大通流熔融配方

　　ZnO 电阻从微观上可看成由"ZnO 晶粒 – 晶界 –ZnO 晶粒"的基本单元组合构成的不规则立体复杂网状结构，常见的 ZnO 电阻体系包括 $ZnO-Bi_2O_3$ 系、$ZnO-Pr_6O_{11}$ 系和 $ZnO-V_2O_5$ 系等，本节讨论的为最典型的 $ZnO-Bi_2O_3$ 系电阻片，它是以 ZnO 为主体，掺杂 Bi_2O_3 及其他多种添加剂，高温烧结后形成的多晶功能陶瓷，其微观结构如图 3-7 所示，主要由 ZnO 晶粒、晶界和少量气孔组成。ZnO 电阻的宏观电气性能由其微观结构决定，当外加电压较小时，晶界层未击穿，ZnO 电阻呈现高阻状态；当外加电压较大时，ZnO 电阻呈现低阻状态，ZnO 电阻典型的非线性伏安特性曲线如图 3-8 所示。

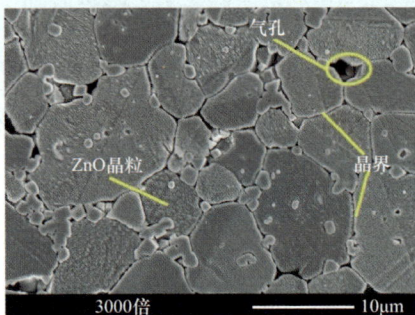

图 3-7 ZnO 电阻的微观形貌结构

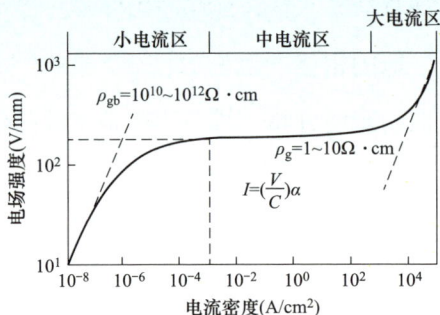

图 3-8 ZnO 电阻伏安特性曲线

ZnO 电阻的配方是调控其微观结构和电性能的关键之一。配方中的添加剂可影响烧结过程中的晶粒生长以及电阻片晶粒和晶界的缺陷状态。每一种添加剂在性能调控中都起着独特的作用，根据掺杂离子的半径、Zn 离子和掺杂离子的相对价态，添加剂可以充当施主、受主，或两者兼而有之，可能偏析在晶界层，形成晶间相，也可能固溶进入 ZnO 晶粒中，不同添加剂的掺杂会造成微观形貌和各晶界处电气特性的不同，宏观上会带来各种电气参数上的变化。经过多年的研究与实践，常用添加剂可大致归纳为五类，如表 3-8 所示。第一类添加剂，通过液相烧结形成晶界层，构成"晶界骨架"，促进非线性晶界结构的形成，包括 Bi_2O_3、Pr_2O_3/Pr_6O_{11}、V_2O_5、BaO 等。第二类添加剂，主要作用是改善非线性，包括 $MnCO_3/MnO_2$、Co_2O_3、Cr_2O_3 等，会少量固溶于 ZnO 晶粒内，主要在烧结冷却过程中偏析在晶界层处，形成受主缺陷陷阱，有利于晶界势垒的提高，从而提高非线性系数，减小泄漏电流。第三类是影响晶粒生长的添加剂，包括 Sb_2O_3、SiO_2、TiO_2、B_2O_3 等，TiO_2 和 B_2O_3 分别通过促进固相传质促进晶粒间液相的形成，使晶粒进一步长大，使最终晶粒尺寸变大；Sb_2O_3 和 SiO_2 会与 ZnO 反应在多个晶粒交汇处生成尖晶石相，对 ZnO 晶粒的生长具有钉扎效果，抑制晶粒生长。

第四类添加剂，偏析于晶界层，一定含量可提高晶界稳定性，对老化性能有利，包括 NiO/Ni_2O_3、Ag_2O、银玻璃粉等。第五类添加剂，通过引入施主离子，进入 ZnO 晶粒内部，提高晶粒导电性，降低晶粒电阻值，减小残压，包括 Al_2O_3、Ga_2O_3、In_2O_3 等。

表 3-8　　　　　　　　　　　ZnO 电阻主要添加剂的作用

分类	主要作用	添加剂
第一类	促进形成晶界结构	Bi_2O_3、Pr_2O_3/Pr_6O_{11}、V_2O_5、BaO
第二类	改善非线性	$MnCO_3/MnO_2$、Co_2O_3、Cr_2O_3
第三类	影响晶粒生长	Sb_2O_3、SiO_2、TiO_2、B_2O_3
第四类	提高稳定性	NiO/Ni_2O_3、Ag_2O、银玻璃粉
第五类	降低晶粒电阻	Al_2O_3、Ga_2O_3、In_2O_3

目前，各种添加剂成分对 ZnO 电阻微观结构和基本电性能的影响研究已经比较完善，本书作者团队在现有基础上，经过多年研究，探索了 Bi_2O_3、NiO、SiO_2、B_2O_3、Ag_2O 等多元氧化物的影响，发明了 ZnO 电阻大通流熔融配方，下面进行具体阐述。

3.2.1　Bi_2O_3 的影响

Bi_2O_3 的熔点比较低，在烧结升温过程中，会率先从固态转化为液相，浸润 ZnO 晶粒和晶粒之间的各种添加剂，在 700 ℃时开始与 ZnO 和 Sb_2O_3 等作用生成烧绿石相 $Zn_2Bi_3Sb_3O_{14}$，继而在更高温度下与 ZnO 反应，生成尖晶石相 $Zn_7Sb_2O_{12}$，并重新分解释放出 Bi_2O_3 富铋液相，即

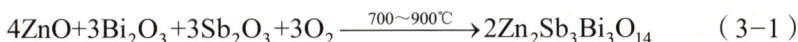

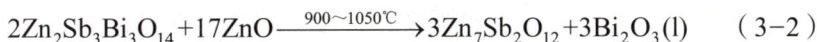

$$4ZnO+3Bi_2O_3+3Sb_2O_3+3O_2 \xrightarrow{700\sim900℃} 2Zn_2Sb_3Bi_3O_{14} \quad （3-1）$$

$$2Zn_2Sb_3Bi_3O_{14}+17ZnO \xrightarrow{900\sim1050℃} 3Zn_7Sb_2O_{12}+3Bi_2O_3(l) \quad （3-2）$$

不同 Bi_2O_3 含量掺杂的 ZnO 电阻的 XRD 图谱如图 3-9 所示，氧化锌压敏电阻 SEM 微观形貌结构如图 3-10 所示。ZnO 电阻晶粒尺寸在不同 Bi_2O_3 含量（从 0.5～2.5 mol%）下的变化趋势为先增大后减小。根据奥斯特瓦尔

德熟化机制（ostwald ripening mechanism），晶粒生长的有限质量传输机制通常归因于液相中的固体扩散或固液界面中的反应，富铋液相起到浸润 ZnO 晶粒的效果，加速烧结反应速度，促进 ZnO 晶粒生长。除 ZnO 晶粒外，尖晶石相在较高温度下在富铋液相的浸润下也伴随着一定程度的晶粒生长，且由于烧结过程中晶界迁移，尖晶石晶粒之间也会发生聚结，尖晶石颗粒之间的聚结过程示意图如图 3-11 所示，使得尖晶石颗粒进一步增大。众所周知，尖晶石对 ZnO 晶粒起到钉扎作用，会抑制 ZnO 晶粒的生长。

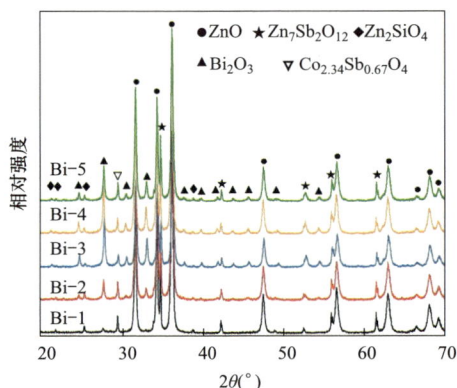

图 3-9　不同 Bi_2O_3 含量掺杂的 ZnO 电阻的 XRD 图谱

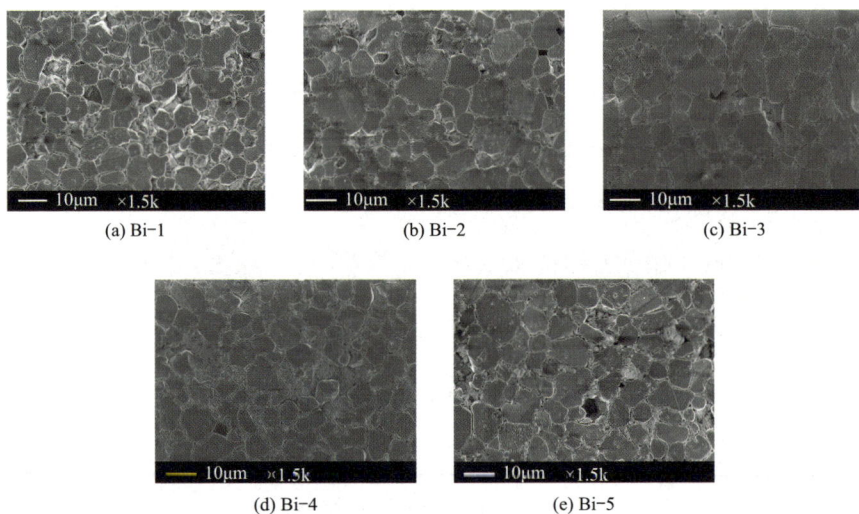

(a) Bi-1　(b) Bi-2　(c) Bi-3

(d) Bi-4　(e) Bi-5

图 3-10　不同 Bi_2O_3 含量掺杂样品的 SEM 微观形貌结构

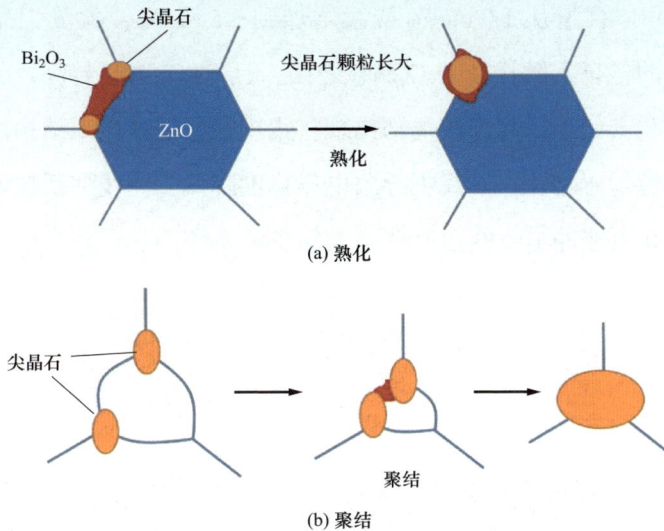

图 3-11　尖晶石晶粒生长聚结过程示意图

当 Bi_2O_3 含量在 $0.5\sim1.5$ mol% 时，富铋液相对 ZnO 晶粒生长的促进作用大于尖晶石对 ZnO 晶粒生长的抑制作用，整体晶粒尺寸还是增大的；

当 Bi_2O_3 含量继续增加至 2.5 mol%，ZnO 晶粒之间存在大量的晶间相，包括无定形相和颗粒较大且出现聚结的尖晶石相，此时尖晶石对 ZnO 晶粒生长的抑制作用大于富铋液相对 ZnO 晶粒生长的促进作用，使得整体 ZnO 晶粒尺寸变小。

从 SEM 和 EDS 观测结果来看，过量 Bi_2O_3 的添加，使得整体晶界层过厚，大量尖晶石等晶间相在富铋相的包裹下夹在各 ZnO 晶粒之间，且随着 Bi_2O_3 含量增加，富铋相和尖晶石相的分布愈发不均匀，局部富集，局部含量较少，微观结构均匀性变差。尖晶石晶粒生长模型示意如图 3-11 所示。

不同 Bi_2O_3 含量掺杂样品的 Bi 元素分布如图 3-12 所示，当 Bi_2O_3 含量从 0.5 mol% 增加到 1.0 mol%，ZnO 电阻的平均晶粒尺寸增大，晶粒尺寸不均匀度减小，富铋相在晶界处的分布更为均匀，这意味着微观结构均匀性和晶界成分均匀性得到改善，晶界阻抗增加，晶界势垒增加，使得非线性系数增加，泄漏电流减小，通流容量和能量吸收能力增大，ZnO 电阻的通流能力提高。当 Bi_2O_3 含量从 1.0 mol% 继续增加到 2.5 mol%，大量尖晶石颗粒在富铋非晶相的包裹下横亘在 ZnO 晶粒之间，且 Bi_2O_3 含量越高，尖晶石颗粒粒径越大，和富铋相一起出现局部出现富集现象，使得微观结构均匀性和晶界成分均匀性趋于恶化，宏观上导致电压梯度降低，非线性系数下降，泄漏电流增大，在电流冲击下的通流性能表现变差。

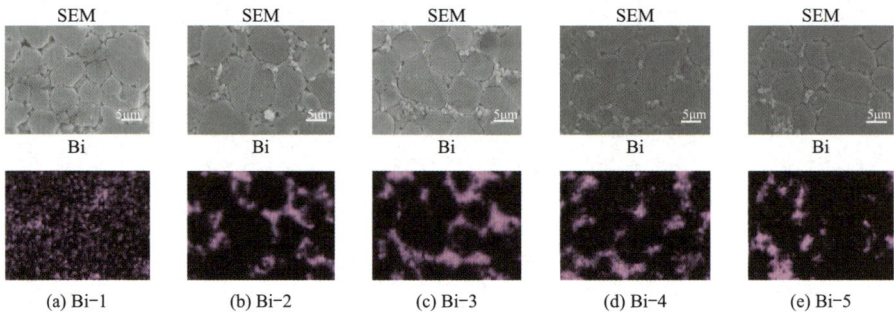

图 3-12　不同 Bi_2O_3 含量掺杂样品的 Bi 元素分布的 EDS 面扫描

3.2.2　SiO_2 的影响

不同 SiO_2 含量掺杂的 ZnO 电阻的 SEM 显微形貌结构如图 3-13 所示。当 SiO_2 含量的从 0 mol% 增加到 2.0 mol% 时，平均晶粒尺寸 d 逐渐减小，晶粒分布更加均匀，富铋相积聚的现象得到改善。不过，随着 SiO_2 含量的增加，平均晶粒尺寸的减小幅度变小。正是由于 SiO_2 加入后晶粒尺寸大幅减小，单位高度内的晶界数目增加，使得 ZnO 电阻的电压梯度明显提升。

位于晶界处的富铋相是 ZnO 电阻的"骨架"，为电流流动提供了贯穿整个 ZnO 电阻显微结构的连续网络，有利于在电流冲击下电阻片内部电流通过。当未加入 SiO_2 时，富铋相的分布并不均匀，意味着该连续网络各处差异较大，导致电流分布不均匀。而适量加入 SiO_2，从 0 mol% 增加到 1.0 mol%，抑制了 ZnO 电阻内部局部晶粒过分生长，减小了整体晶粒尺寸，改善了晶粒尺寸分布均匀性，SiO_2 的掺杂与 ZnO 生成二次相 Zn_2SiO_4 为绝缘相，阻值较大，起到物理阻断电荷流动的作用，可改善晶界处富铋相和尖晶

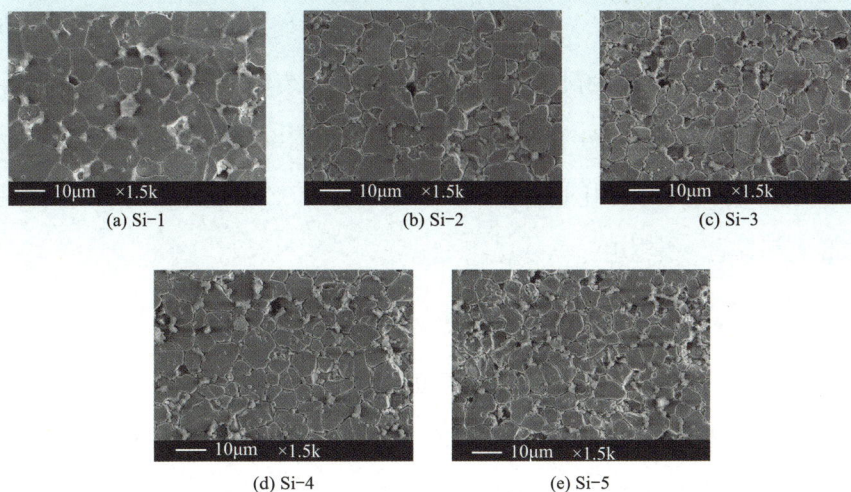

(a) Si-1   (b) Si-2   (c) Si-3

(d) Si-4   (e) Si-5

图 3-13　不同 SiO_2 含量掺杂样品的 SEM 微观形貌结构图

石相的分布，从而调整整个区域内的电流分布。并且 SiO_2 本身具有典型的玻璃网络结构，其 Si-O 不饱和键具有较大的电子获得能力，对稳定晶界和抑制离子迁移有一定作用，同样有利于 ZnO 电阻在电流冲击过程中的能量吸收能力增大。而当 SiO_2 含量进一步从 1.0 mol% 增加到 2.0 mol%，晶粒尺寸同样受到限制，但过多的 Zn_2SiO_4 钉扎在晶界和 ZnO 晶粒的三节点之间，阻碍了富铋网络的连续性，过多的绝缘物理阻隔，阻碍了电流冲击下的电荷传输，并且局部出现晶间相的聚集，孔隙略增，晶相结构趋于不稳定，恶化了冲击下的电流分布，也影响了冲击下的晶粒之间的热传递，反而削弱了冲击下的通流容量。

　　观察可知，未添加 SiO_2 时，ZnO 电阻样品的尖晶石颗粒优先位于三晶粒和四晶粒连接处，而富铋相也倾向于位于联结处，出现了明显的尖晶石相和富铋相积聚分布的现象，这也使得未添加 SiO_2 样品的晶粒尺寸差异较大。SiO_2 在烧结过程中会溶解到具有一定缺陷结构的烧绿石相 $Zn_2Bi_3Sb_3O_{14}$ 中，使得烧绿石相不稳定，在更低的温度下进行分解转变为尖晶石相 $Zn_7Sb_2O_{12}$，延长了其钉扎于 ZnO 晶粒之间并抑制 ZnO 晶粒生长的时间。另外，SiO_2 也

53

会溶解于富铋液相中，作为一典型玻璃相，会增加 Bi_2O_3 相的黏度，使液相更易润湿晶界，有助于 Bi 原子吸附在 ZnO 晶粒表面，对抑制 Bi_2O_3 的挥发具有重要作用，而与 ZnO 一起生成的硅酸锌 Zn_2SiO_4，也是一种尖晶石相，对 ZnO 晶粒同样具有钉扎效果。因此，SiO_2 对于 ZnO 晶粒生长和各种晶间相的形成都具有一定影响。

3.2.3 NiO 的影响

不同 NiO 含量掺杂 ZnO 电阻样品的 XRD 衍射图谱如图 3-14 所示。由于 NiO 掺杂量较少，未检测到与 NiO 相关的物相，整体晶相组成随不同 NiO 掺杂量的变化较小，主要体现在 $Bi_{24}Si_2O_{40}$ 相的变化，尖晶石相对应的两个衍射峰随着 NiO 掺杂量的增加明显向右移动，代表着尖晶石晶格常数发生巨大变化，这可能是由于 Ni^{2+} 离子固溶于尖晶石相所致。

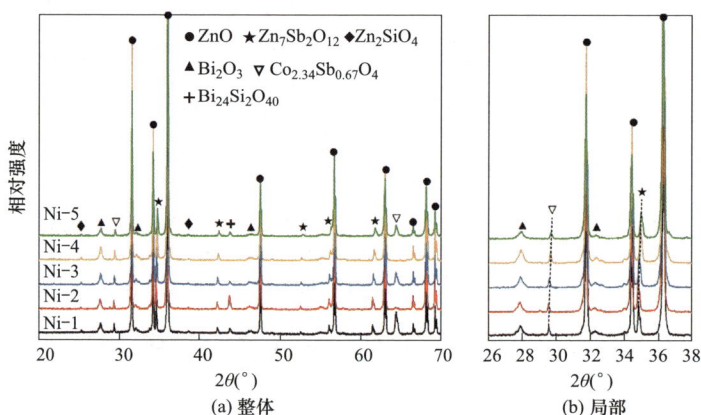

图 3-14 不同 NiO 含量掺杂的 ZnO 电阻的 XRD 图谱

为更详细地揭示 ZnO 电阻的微观结构，对其进行扫描电镜观测，如图 3-15 所示，从图 3-15 中可以看到 ZnO 晶粒之间的一些微小晶体颗粒明显增加，推测是由于当 NiO 含量明显增多时，有更多 NiO 位于晶界处，发生固溶反应，在 ZnO 晶粒间生成更多的二次相，阻碍了烧结过程中 ZnO 晶粒的生长，使得微观结构没有那么致密，密度也出现了下降。

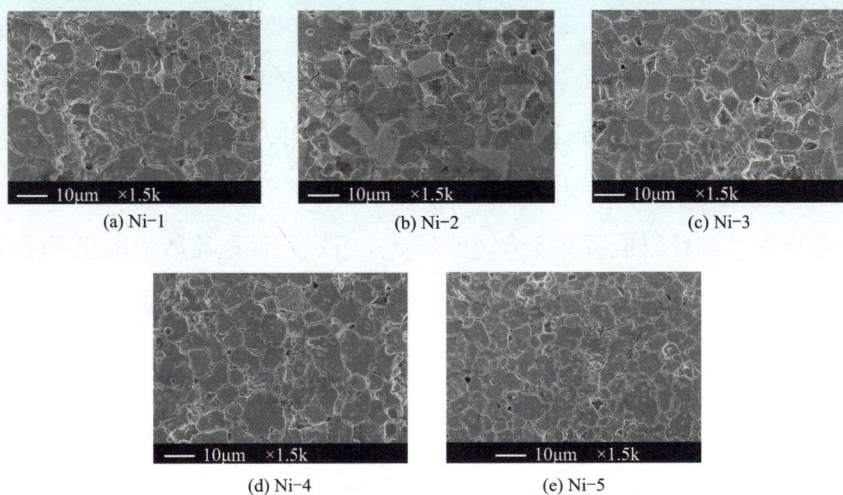

(a) Ni-1   (b) Ni-2   (c) Ni-3

(d) Ni-4   (e) Ni-5

图 3-15　不同 NiO 含量掺杂样品的 SEM 微观形貌结构图

随着 NiO 掺杂量的增加，ZnO 电阻的通流能力呈现先逐步增加后减小的趋势（见图 3-16），当 NiO 含量为 0.96 mol% 时，样品能够承受的冲击电流幅值最大。NiO 的加入并没有带来新相，对 ZnO 晶粒生长的作用较小，但在烧结过程中部分固溶于尖晶石相中，影响尖晶石相的形成，使得尖晶石相更加细小，分布更加均匀；另外，Ni^{2+} 离子作为锌的替位离子，随着含量的增加，在 ZnO 晶粒中产生的拉应力场促进了 Al^{3+} 离子扩散至 ZnO 晶格中，

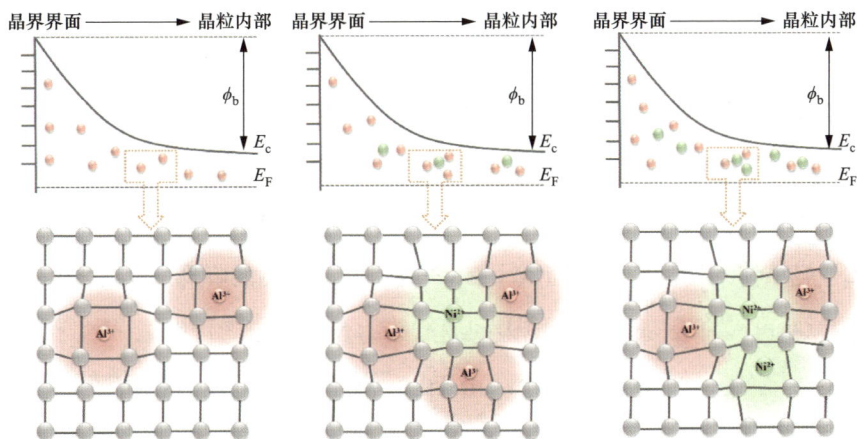

图 3-16　不同 NiO 含量掺杂的能带结构和 ZnO 晶格畸变示意图

使得晶粒阻值下降，残压比降低，在同样的电流冲击下，需要吸收的能量更少。在更均匀的尖晶石相分布和减小的晶粒阻值的双重作用下，NiO 掺杂的 ZnO 电阻的通流能力增加。但当 NiO 含量过多时，尖晶石颗粒在晶粒与晶粒间的三角区位置积聚，过多的 Ni^{2+} 离子也阻碍 Al^{3+} 离子以间隙离子进入 ZnO 晶格中，晶粒阻值重新变大，残压比上升，从而通流能力迅速下降。

3.2.4 基于 B_2O_3 与 Ag_2O 的大通流熔融氧化锌配方

B_2O_3 是一种熔融温度低且能单独形成玻璃的氧化物，ZnO 电阻烧结的过程中，物体由固态向液态转化的过程在差热曲线上表现为吸热峰。从图 3-17 所示的差热分析曲线可知，硼熔融温度为 664℃。

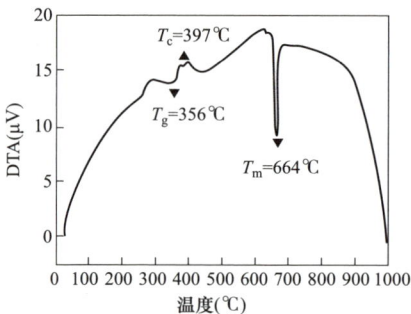

图 3-17 ZnO 电阻的热差曲线

因此，硼元素在电阻片烧结初始阶段便能够形成充足的液相，促进 ZnO 电阻的融化与流动，降低 ZnO 电阻胚体的熔融温度。B_2O_3 添加量对 ZnO 电阻微观结构与电气性能的影响如图 3-18 与图 3-19 所示，适量的 B_2O_3 及一定量的 Bi_2O_3、Sb_2O_3、SiO_2 填隙 Zn 离子组成的玻璃熔体网络，由于其较低的表面能而较完整地处于晶界层中，形成致密的玻璃相，进而能够较好地浸润氧化锌晶粒，使晶粒尺寸增大，分布更为均匀，有效地改善了 ZnO 电阻的微观结构；而当 $x > 0.02\ mol\%$ 时，过多的玻璃液相覆盖在氧化锌晶粒上，形成一个阻挡层，把氧化锌晶粒隔开，降低了固相传质效应，从而阻碍晶粒的生长，同时降低了烧结体结构均匀性，造成了 ZnO 电阻电气性能的降低。实际测试表明，适量 B_2O_3 可以有效提升 ZnO 电阻的通流能力及抗冲击老化性能。

Ag_2O 属于一价金属氧化物，由于 Ag 离子半径比 ZnO 的离子半径大得多，根据固溶规律，Ag 离子难以进入 ZnO 晶粒内，只能偏析在 ZnO 晶界边

(a) B$_2$O$_3$含量0.00×10^{-2}mol%　　(b) B$_2$O$_3$含量0.02×10^{-2}mol%　　(c) B$_2$O$_3$含量0.04×10^{-2}mol%

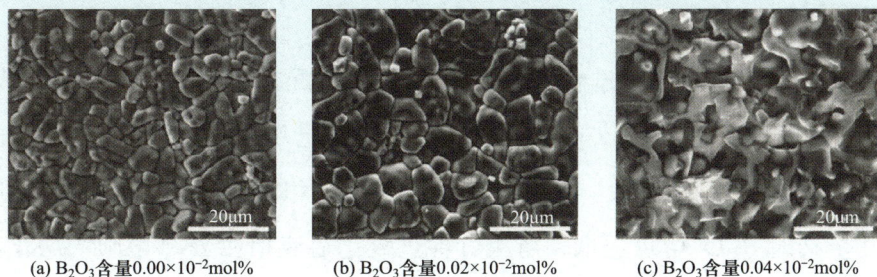

图 3-18　不同 B$_2$O$_3$ 掺杂量对 ZnO 电阻微观结构的影响

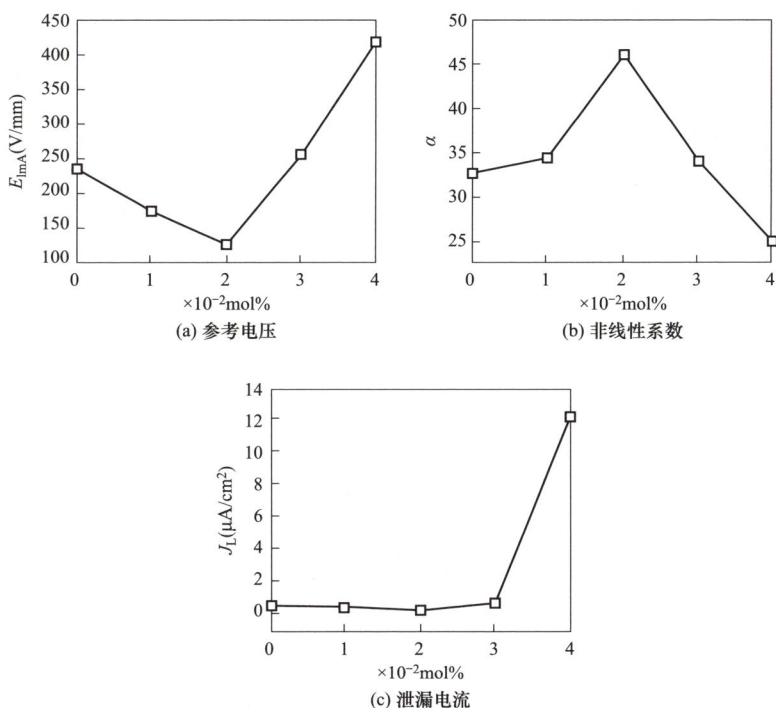

(a) 参考电压　　　　　　　　　(b) 非线性系数

(c) 泄漏电流

图 3-19　不同 B$_2$O$_3$ 掺杂量对 ZnO 电阻电气性能的影响

界区；由于 Ag 离子为一价离子，只可能取代该薄层内正常晶格点的 Zn^{2+}，并电离成为一价有效负电中心，降低表面薄层内的施主浓度，能稳定晶界势垒，这既能有效地改善电阻片的寿命特性，也不至于使其伏安特性的大电流区明显上升，研究团队基于前期自主研制的配方，发现 Ag$_2$O 添加量在 0.01~0.1 mol% 范围内，可以在不增大小电流区泄漏电流的基础上提高电阻片的通流能力。

基于以上研究，通过合理地调控 ZnO 电阻配方中的 Ag_2O、B_2O_3 以及 Bi_2O_3 等化合物，提出了 ZnO 电阻的大通流熔融配方，大通流熔融 ZnO 电阻配方成分如表 3-9 所示，与国内现有商用电阻片相比，大通流熔融 ZnO 电阻在烧结时 Bi_2O_3 熔点更低，可更好促进氧化铋液相在 ZnO 电阻中融化流动，微观上改善晶粒尺寸的均匀性，宏观上提升 ZnO 电阻的通流能力。

表 3-9　　　　　　　　大通流熔融氧化锌电阻配方成分

掺杂化合物	ZnO	Bi_2O_3	…	B_2O_3	Ag_2O
含量比（mol%）	90～92.5	0.7～1.82	…	0.4～2.68	0～4.40

3.3　烧结与热处理工艺中的 Bi_2O_3 晶体形态调控

3.3.1　Bi_2O_3 主要晶体形态及特征

ZnO 电阻微观下晶界层分区结构如图 3-20 所示，晶粒与晶粒并不是全部被晶界层包围，晶界层存在厚晶界层（A）、肖特基势垒区（B）、晶粒与晶粒直接接触区（C）。A 区晶界层厚度厚，即使外加电压可以抵消肖特基势垒本身的内电场，但由于晶界层本身电阻率高，因此对外不能体现出非线性特征；B 区晶界层厚度与肖特基势垒的耗尽层厚度基本相等，当外加电压抵消肖特基势垒后，晶界层对外体现出的电阻率与晶粒基本相同，可以对外体现出非线性；C 区晶粒与晶粒之间直接接触，电阻率低。

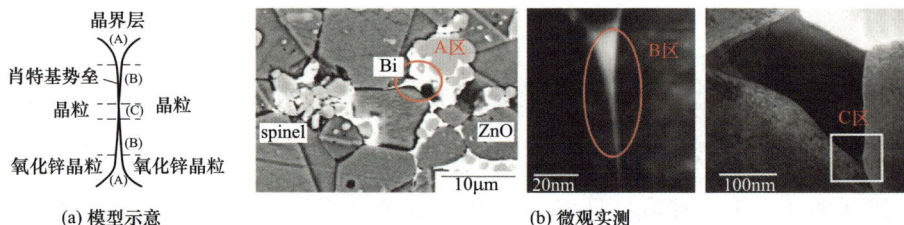

(a) 模型示意　　　　　　　　　　(b) 微观实测

图 3-20　晶界层分区结构

α-$\mathrm{Bi_2O_3}$ 降低孔隙率作用机理：冲击电流作用下，晶粒直接接触的区域不存在势垒效应，因此冲击电流倾向于首先向无晶界层以及晶界层薄弱的地方集中，导致热量以及热应力集中，ZnO 电阻更易发生损坏。在晶粒分布均匀性一定的情况下，晶粒被晶界层包裹得更加完全，则非线性系数和均匀性更好，通流能力更强。研究表明，ZnO 电阻中的 $\mathrm{Bi_2O_3}$ 晶体具有 α-$\mathrm{Bi_2O_3}$、β-$\mathrm{Bi_2O_3}$、γ-$\mathrm{Bi_2O_3}$、δ-$\mathrm{Bi_2O_3}$ 四种相位结构，氧化锌晶体表面能约为 $0.6\mathrm{J/m^2}$，而 α-$\mathrm{Bi_2O_3}$、β-$\mathrm{Bi_2O_3}$、γ-$\mathrm{Bi_2O_3}$、δ-$\mathrm{Bi_2O_3}$ 四种晶体形态 $\mathrm{Bi_2O_3}$ 的表面能分别为 0.64、0.26、0.87、$0.87\mathrm{J/m^2}$。其中 α-$\mathrm{Bi_2O_3}$ 表面能与 ZnO 晶粒最为接近，因此具有更好的浸润性。当 α-$\mathrm{Bi_2O_3}$ 含量较高时，无晶界层的区域较少，对晶粒的包裹性能更好。因此微观结构更加均匀，通流能力更强。

γ-$\mathrm{Bi_2O_3}$ 提高冲击稳定性作用机理：西安交通大学李盛涛等国内外学者对 $\mathrm{Bi_2O_3}$ 热处理过程中的相变规律以及晶体缺陷结构进行了研究，普遍认为热处理过程中 $\mathrm{Bi_2O_3}$ 晶体的相态变化会影响氧在 ZnO 电阻中的扩散，并最终影响 ZnO 电阻内部晶体的缺陷反应。ZnO 电阻内部的晶体缺陷主要有锌填隙与氧空位，其中锌填隙为亚稳态缺陷，而氧空位为稳态缺陷。在 ZnO 电阻制备过程中，氧分子与晶粒表面的电子结合，俘获 ZnO 内部的电子，使得 ZnO 内部处于稳定态的氧空位浓度上升，进而提升其在雷电冲击电流下的稳定性，缓解雷击大电流后 ZnO 电阻 $U_{1\mathrm{mA}}$ 参考电压的跌落程度。

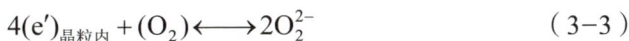

$$4(\mathrm{e'})_{\text{晶粒内}} + (\mathrm{O_2}) \Longleftrightarrow 2\mathrm{O_2^{2-}} \tag{3-3}$$

$\mathrm{Bi_2O_3}$ 的四种主要晶体形态如表 3-10 所示，结合实际实验发现，α-$\mathrm{Bi_2O_3}$、β-$\mathrm{Bi_2O_3}$ 形态的 $\mathrm{Bi_2O_3}$ 向 γ-$\mathrm{Bi_2O_3}$ 形态转换过程中，SEM 扫描电镜下 ZnO 电阻微观微米级的孔隙未发生改变，而晶体变换过程中晶格体积缩小，导致原子间距离增大，使得氧分子更易透过 $\mathrm{Bi_2O_3}$ 晶体之间的纳米级空隙发生式（3-3）所示的缺陷反应，进而增加稳态的氧空位浓度，提升冲击稳定性。综上所述，γ-$\mathrm{Bi_2O_3}$ 相在大电流冲击作用下微观结构趋更加稳定。为提升通流能力需对 ZnO 电阻中 $\mathrm{Bi_2O_3}$ 进行晶体形态调控，增加 α-$\mathrm{Bi_2O_3}$ 与 γ-$\mathrm{Bi_2O_3}$ 的占比，降低 β-Bi_2O_3 与 δ-Bi_2O_3 的占比。

表 3-10 氧化铋晶体形态对比

晶体形态	晶格类型	晶格常数	晶胞体积
α-Bi_2O_3	单斜相 Monoclinic	$a=0.58496$ nm; $b=0.81648$ nm; $c=0.75101$; $\alpha=90°$; $\beta=112.977（3）°$	8.8 nm³
β-Bi_2O_3	四角相 Tetragonal	$a=0.58496$ nm; $b=0.81648$ nm; $c=0.75101$; $\alpha=90°$; $\beta=112.977°$	8.8 nm³
γ-Bi_2O_3	立方相 Cubic	$a=1.025$ nm; $b=1.025$ nm; $c=1.025$ nm; $\alpha=90°$; $\beta=90°$; $\gamma=90°$	8.4 nm³
δ-Bi_2O_3	立方相 Cubic	$a=0.56$ nm; $b=0.56$ nm; $c=0.56$ nm; $\alpha=90°$; $\beta=90°$; $\gamma=90°$	1.2 nm³

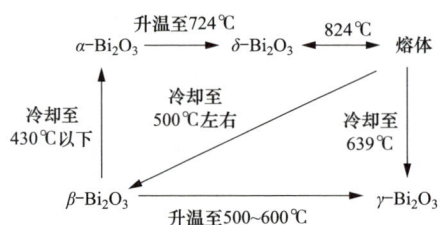

图 3-21 不同形态 Bi_2O_3 晶体结构之间的转化关系

不同晶体形态 Bi_2O_3 之间的转化规律如图 3-21 所示，在 ZnO 电阻片烧结过程中，最高温至 824℃之间，应当缓慢降温，延长 Bi_2O_3 溶体状态的持续时间，防止融化态的氧化锌电阻片淬冷导致 δ-Bi_2O_3 的产生；824℃到

600℃之间应当加速降温，防止绝缘物焦绿石生成；600℃以下，应当缓慢降温，延长 α-Bi_2O_3 的生成时间，保证低温稳定型 α-Bi_2O_3 的产生，热处理过程中，应在孔隙率不变的前提下，将 Bi_2O_3 调控为抗冲击稳定的 γ-Bi_2O_3 形态。

3.3.2 烧结过程中 α-Bi_2O_3 晶体形态调控

ZnO 电阻的烧结过程中的烧结温度直接关系着 ZnO 电阻陶瓷的致密度、晶粒尺寸和分布、晶界组成和分布等，对 ZnO 电阻的通流性能优化至关重要。对不同烧结温度下制备的直径 42 mm 的 ZnO 电阻样品进行 2 ms 方波 18 次冲击测试（见图 3-22），当烧结温度从 1050℃升高至 1150℃，样品 18 次

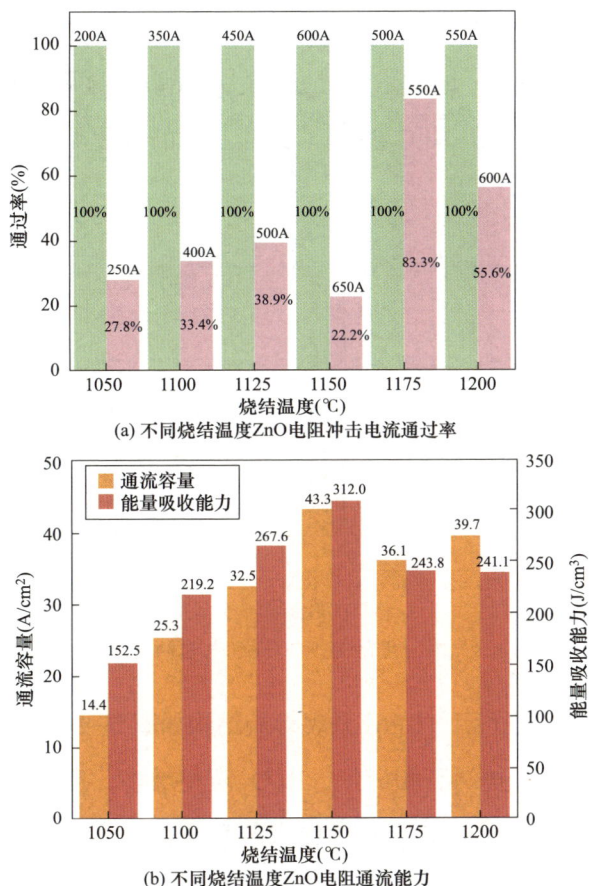

(a) 不同烧结温度 ZnO 电阻冲击电流通过率

(b) 不同烧结温度 ZnO 电阻通流能力

图 3-22　不同烧结温度下 ZnO 电阻的 2ms 冲击测试

方波幅值逐渐增加，从 200 A 增加到 600 A，当烧结温度继续升高至 1200℃，承受的方波幅值出现小幅波动，整体上 1150℃下烧结的样品的通流容量和能量吸收能力均为最高，分别为 43.3 A/cm^2 和 312.0 J/cm^3。

不同烧结温度下制备的 ZnO 电阻样品的 XRD 图谱如图 3-23 所示，发现提高烧结温度对相组成整体的影响不大。随着烧结温度的升高，Bi$_2$O$_3$ 相对应的衍射峰强度出现下降甚至消失的现象，这是由于烧结温度的升高和烧结时间的延长，加速了液相烧结过程中固液界面的反应速度，在烧结过程中富铋液相蒸发加剧，Bi 元素含量减少，使得对应的富铋相减少，基于以上原因，ZnO 电阻的制备过程中越来越多地采用适当降低烧结温度，延长烧结时间的低温烧结工艺，在防止 Bi$_2$O$_3$ 过度挥发的同时保证氧化锌电阻内部晶体结构反应完全。由 XRD 图谱还可知，当在 600℃以下缓慢降温时，烧结后的 Bi$_2$O$_3$ 晶体形态主要为 α-Bi$_2$O$_3$ 形态，因此晶体的有效晶界与孔隙率达到了最佳。

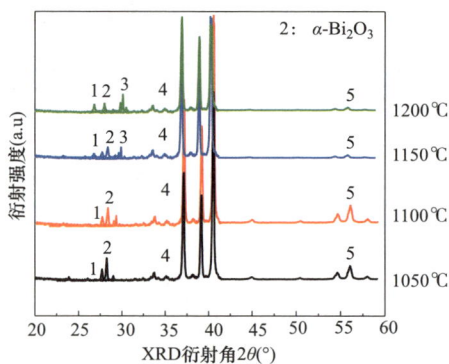

图 3-23　不同烧结温度下 ZnO 电阻的 XRD 图谱

不同烧结温度下样品的 SEM 微观形貌结构如图 3-24 所示，在烧结过程中，随着温度升高，烧绿石相分解，Bi$_2$O$_3$ 液相增多，且温度越高液相流动性越好，可更好地润湿 ZnO 颗粒，促进粒间液相传质过程，逐渐实现致密化，但温度在 1200℃以上时，升高的烧结温度会加速 Bi$_2$O$_3$ 等低熔点物质的

挥发，影响添加剂在晶界处的偏析，对含大量缺陷陷阱的晶界结构稳定性不利，对于本配方而言，烧结温度控制在 1100～1150℃为最佳。

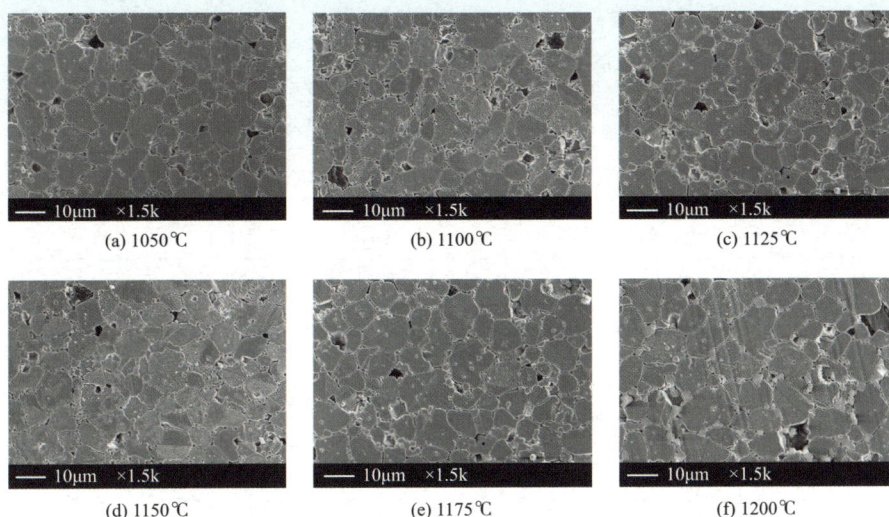

(a) 1050℃   (b) 1100℃   (c) 1125℃

(d) 1150℃   (e) 1175℃   (f) 1200℃

图 3-24 不同烧结温度下 ZnO 电阻的 SEM 微观形貌结构

3.3.3 基于热处理的 $\gamma-Bi_2O_3$ 晶体形态调控

采用上述 1150℃烧结制备的 ZnO 电阻样品，通过改变热处理温度与降温速率对其进行不同程度的热处理。按照 DL/T 815—2021《交流输电线路用复合外套金属氧化物避雷器》标准对热处理后的样品 42 mm 直径氧化锌电阻进行了两次 100 kA，4/10 μs 大电流测试，结果如表 3-11 所示，由表 3-11 可以看到，热处理温度为 425 ℃和 525 ℃时，ZnO 电阻两次 100 kA 大电流测试后的 U_{1mA} 变化率分别为 15.46% 和 5.12%；当保持热处理温度为 525℃不变，降温速率从 5℃/h 逐渐升高至 90℃/h，样品冲击后的 U_{1mA} 变化率从 6.67% 下降至 4.43% 再增加至 12.85%，降温速率为 15℃/h 的样品的 U_{1mA} 变化率最小，为 4.43%，性能表现最稳定。

通过 X 射线衍射手段，对不同热处理的 ZnO 电阻样品的晶体结构进行分析，结果如图 3-25 所示，晶体形态的变化主要是富铋相的变化，$Bi_{24}Si_2O_{40}$

表 3-11 　　不同热处理下样品在两次 100 kA、4/10 μs 冲击后 U_{1mA}
变化率变化情况

热处理温度 （℃）	两次 100 kA、4/10 μs 冲击 后的 U_{1mA} 变化率（%）	525℃热处理下不同降温 速率（℃/h）	两次 100 kA、4/10 μs 冲击 后的 U_{1mA} 变化率（%）
不热处理	穿孔、炸裂损坏	5	6.67
425	15.46	15	4.43
525	5.12	30	5.12
625	穿孔、炸裂损坏	60	7.42
725	穿孔、炸裂损坏	90	12.85

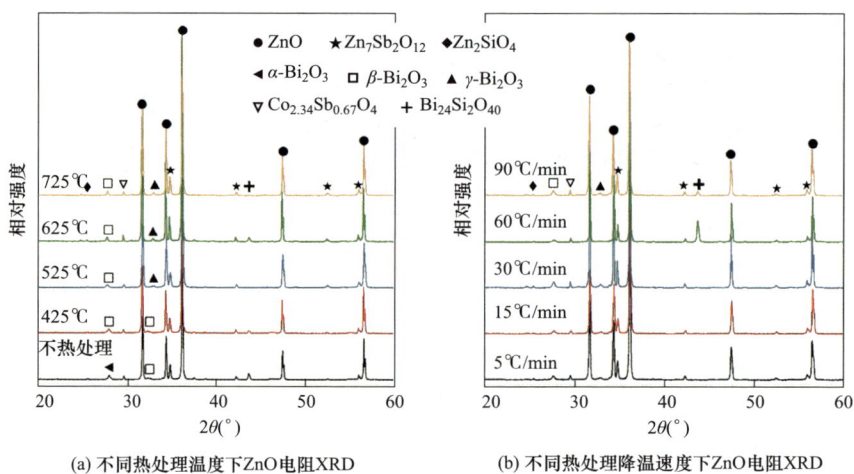

(a) 不同热处理温度下ZnO电阻XRD　　(b) 不同热处理降温速度下ZnO电阻XRD

图 3-25 　不同热处理样品的 XRD 图谱

相会随着热处理温度和冷却过程中降温速率的变化而波动，且随着热处理温度的变化，Bi_2O_3 相的晶型发生改变，不热处理样品含 α-Bi_2O_3 和 β-Bi_2O_3 相，当热处理温度为 425℃时，Bi_2O_3 相均转变为 β-Bi_2O_3 相，当热处理温度继续升高，Bi_2O_3 相则转变为 γ-Bi_2O_3 相。

ZnO 电阻内部具有复杂的缺陷结构，在热处理时，空气中的氧 O（g）会沿着 ZnO 电阻的晶界扩散，强电负性的 O（g）会捕获晶界处的电子并产生带负电的化学吸附氧 O′和 O″，如式（3-4）所示。

$$\begin{cases} O(g)+e \rightarrow O' \\ O'+e \rightarrow O'' \end{cases} \tag{3-4}$$

这些新产生的 O' 和 O'' 会进一步往耗尽层区域扩散，与亚稳态的 Zn_i 发生反应，使得锌填隙浓度降低。

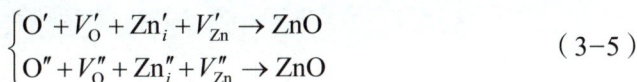

$$\begin{cases} O'+V_O'+Zn_i'+V_{Zn}' \rightarrow ZnO \\ O''+V_O''+Zn_i''+V_{Zn}'' \rightarrow ZnO \end{cases} \tag{3-5}$$

式中：O' 为一基价氧负离子；O'' 为二价氧负离子；V_O' 为一价氧空位；V_O'' 为二价氧空位；Zn_i' 为一价锌填隙；Zn_i'' 为二价锌填隙；V_{Zn}' 为一价锌空位；V_{Zn}'' 为二价锌空位。

图 3-26（a）、（b）、（c）分别为不同热处理温度下样品微观结构的电性能特征，图 3-26（e）、（f）、（g）分别为与之对应的双肖特基缺陷结构。

在热处理过程中，温度由室温升高至 525℃，Bi_2O_3 从 α-Bi_2O_3 相变换为 β-Bi_2O_3 相并进一步转化为 γ-Bi_2O_3 相。由于温度升高，更多的氧通过富铋晶界网络输运进入。根据 3.3.1 所述的晶体形态演化规律，如图 3-26 所示，热处理过程中，亚稳定成分锌填隙 Zn_i^{**} 在反应中减少，而稳态的氧空位 O'' 与 O' 增加，大幅增强了晶界稳定性，提高了 ZnO 电阻冲击稳定性与通

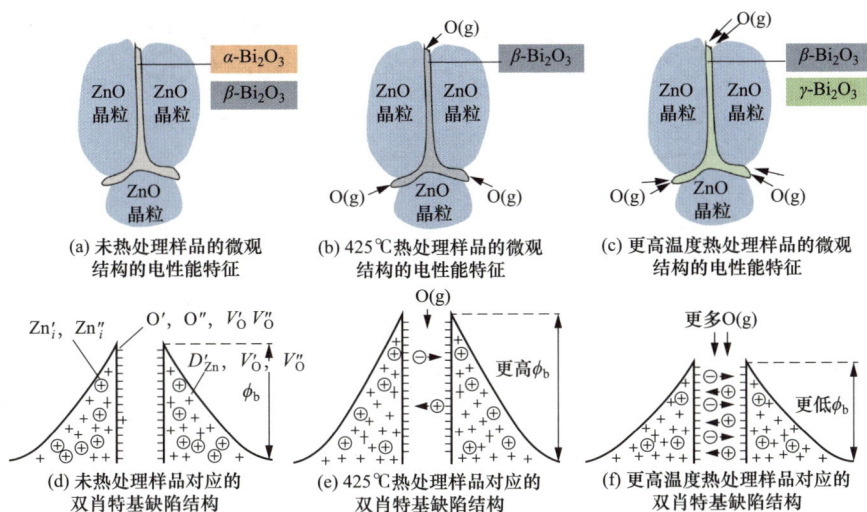

图 3-26 不同热处理样品的微观结构和肖特基缺陷结构

流能力（见表 3-11）。热处理温度进一步升高至 625℃ 或 725℃ 以上，将形成 $\delta\text{-}Bi_2O_3$，使得 ZnO 电阻晶体孔隙率增加，晶体缺陷劣化，进而导致通流能力下降。

3.4 环形 ZnO 电阻大通流关键技术

环形 ZnO 电阻 4/10 μs 大电流冲击测试发现，相比饼形 ZnO 电阻，环形电阻片更易出现因粉体尺寸不均、侧面绝缘强度不足导致的雷击破裂或内外环侧面绝缘闪络问题（见图 3-27）。因此，在除去改进配方和烧结工艺，还从研磨和侧面绝缘层等方面进行了技术优化，宏观上改善环形 ZnO 电阻的通流能力。

(a) 环形电阻出现破裂   (b) 内环侧面发生闪络

图 3-27　环形 ZnO 电阻出现破裂和内环侧面闪络

3.4.1 环形 ZnO 电阻高速砂磨技术

我国电子陶瓷行业最先从台湾及国外引进了砂磨机。砂磨机与常规搅拌球磨机的结构和原理相似，但其效率比搅拌磨高得多，其主要区别在于砂磨机的研磨锆球石的直径小且转速快，可使物料中的固体微粒和研磨介质相互间产生更加强烈的碰撞、摩擦、剪切作用，达到加快磨细微粒和分散聚集体的目的。因此，砂磨机不仅比搅拌球磨机的细化物料的效率更高，而且细化物料的粒度范围更窄。

ZnO 电阻中的主料 ZnO 和各种添加剂原料的初始颗粒差异较大，为实现研磨粒径均匀，将采用砂磨机对 ZnO 和添加剂原料粉末进行分段砂磨，使得 ZnO 电阻浆料混合充分、降低原料颗粒粒径的同时确保不同原料粉体粒径一致，以提高 ZnO 电阻最终的微观结构和成分的均匀性。

通过高精度粒度测试仪（Mastersizer 3000）测得砂磨后浆料内颗粒粒径分布如图 3-28 所示，$D_x(10)$、$D_x(50)$、$D_x(90)$ 分别表示体积密度占比 10%、占比 50% 和占比 90% 的颗粒粒径大小，可以看到，通过分段砂磨获得了亚微米陶瓷粉末颗粒，$D_x(50)$ 为 0.37 μm，$D_x(90)$ 也仅 0.79 μm，远小于普通球磨机获得的粉末颗粒粒径，其 $D_x(50)$ 为 1.01 μm，$D_x(90)$ 则为 2.49 μm。并且砂磨后的颗粒粒径分布更加集中，$D_x(90)/D_x(10)$ 的比值为 3.45，小于普通球磨的 4.93，减小了颗粒之间大小的差异，有利于成分的均匀。

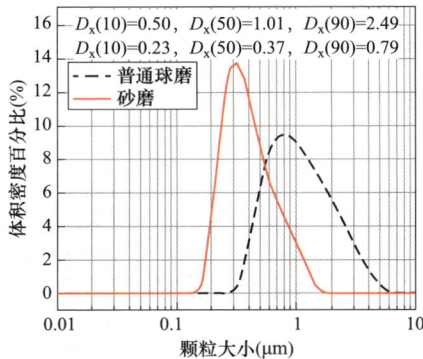

图 3-28　普通球磨后和分段砂磨后的浆料颗粒粒径分布对比示例

通过高温将 ZnO 电阻浆料变成干燥粉料，然后对干燥粉料进行过筛处理，常规球磨后和分段砂磨后的粉料颗粒显微照片如图 3-29 所示，分段砂磨后的粉料颗粒基本呈饱满的球状，形状比常规球磨后的粉料颗粒更规则，且中心孔洞更细小，提高了颗粒流动性，可减少后续压片过程中的内部气孔，有利于 ZnO 电阻坯体成型。

(a) 常规球磨后的粉料颗粒 (b) 分段砂磨后的粉料颗粒

图 3-29 常规球磨后和分段砂磨后的粉料颗粒

3.4.2 高性能环形 ZnO 电阻侧面绝缘层

很大一部分环形 ZnO 电阻未通过测试的是由于出现了侧面绝缘闪络问题，其本体并未发生击穿损坏。电阻片侧面增设高绝缘强度的绝缘釉可提高电阻片耐受电流冲击能力，面对高幅值电压、电流时降低电阻片侧面沿面闪络的概率。因此，环形 ZnO 电阻侧面高性能绝缘层也是通流能力提升的关键之一。环形 ZnO 电阻侧面绝缘状态示意图如图 3-30 所示。

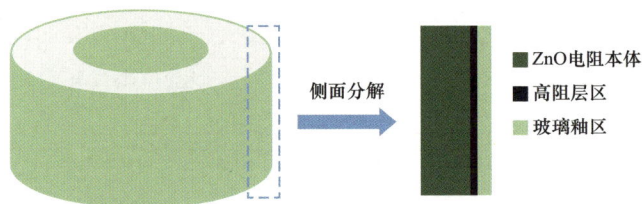

图 3-30 环形 ZnO 电阻侧面绝缘状态示意图

目前，ZnO 电阻侧面增设的绝缘釉主要包括有机釉和无机玻璃釉两大类。国内传统技术普遍采用的有机釉耐温性较差，在 150℃ 以上会发生碳化现象，在大电流冲击的电热作用下，容易与 ZnO 电阻分离，出现裂纹、釉层脱落现象，劣化电气绝缘性能，严重影响电阻片或组装后整支避雷器耐受

电流冲击的性能。无机绝缘釉虽玻璃釉材料本身耐热，可耐受 $300\sim400℃$，但与 ZnO 电阻本体热膨胀系数存在差异，匹配程度有限，面对高幅值电流冲击仍会出现脱落或龟裂等现象，影响实际绝缘性能，发生沿面放电闪络。因此，在侧面层处理时，侧面玻璃釉不直接与本体结合，而是采用高阻层作为过渡绝缘层，使得整体侧面绝缘层与 ZnO 电阻本体结合紧密，以保障环形 ZnO 电阻的通流能力。ZnO 电阻本体的热膨胀系数基本在 $(5\sim6)\times10^{-6}$ 范围内，采用 SiO_2-Bi_2O_3-Sb_2O_3 系高阻层，在高温烧结过程中与 ZnO 本体反应，生成 Zn_2SiO_4 和 $Zn_{1/3}Sb_{2/3}O_4$ 尖晶石颗粒，这些结晶相具有高绝缘性，且其热膨胀系数处于 $(4\sim5)\times10^{-6}$ 范围内，采用的无机玻璃釉浆料在约 $500℃$ 热处理过程中玻璃化，熔结于侧面高阻层，其热膨胀系数处于 $(3.5\sim4.5)\times10^{-6}$ 范围内，侧面绝缘的高阻层与绝缘釉的热膨胀系数必须 ZnO 电阻本体相匹配，适当地小于电阻本体，当在高温烧成冷却时，特别是在侧面绝缘层的高阻层浆料或釉料由软化状态转化为固态的过程中，由于电阻本体比釉料的收缩大而使釉层处于压应力状态，而玻璃化或者固溶体状态的釉层或高阻层可弥补 ZnO 电阻本体表面的微裂纹、杂质斑点等缺陷的作用，减少侧面交界面的微观孔隙。与此同时，无机玻璃釉表面光滑，不易吸潮及粘附灰尘，耐温性能远高于有机釉层，绝缘性能佳，可提高耐受冲击电流的能力。

采用的 ZnO 电阻涂覆侧面釉配方及微观结构如表 3-12 以及图 3-31 所示，其中，PbO 是侧面绝缘釉的主要组成部分，Al_2O_3、SiO_2 与 ZnO 形成的尖晶石处于氧化锌晶粒与 PbO 侧面绝缘釉的中间界面，而 B_2O_3 起到促进氧化锌本体与尖晶石、侧面釉融合的作用。

表 3-12　　　　　　　　侧面玻璃釉配方

掺杂化合物	PbO	Bi_2O_3	Al_2O_3	⋯	Li_2CO_3
质量百分数（%）	$70\sim78$	$5\sim20$	$3\sim30$	⋯	$1\sim3$

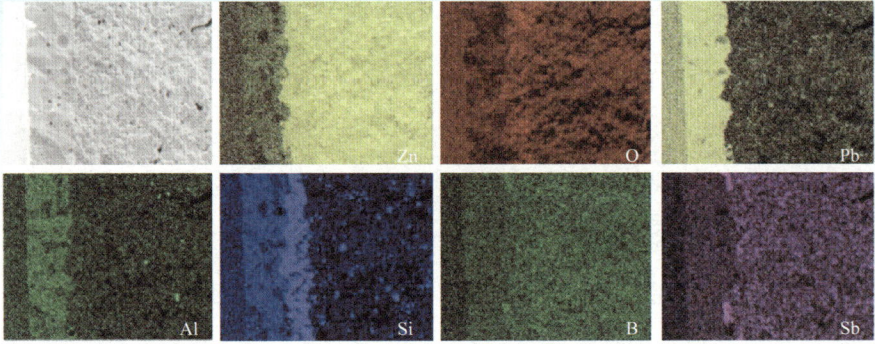

图 3-31　ZnO 电阻侧面玻璃釉微观图

传统和改进的侧面绝缘的微观形貌如图 3-32 所示，环形电阻片玻璃釉实物如图 3-33 所示，采用本文提出的侧面绝缘釉工艺后，氧化锌本体与侧面绝缘材料之间的孔隙显著降低，与 ZnO 电阻本体结合紧密，有助于提升氧化锌材料防侧闪能力。42 mm 直径 ZnO 电阻可以通过 2 次 120 kA，4/10 μs 冲击大电流试验，而传统 ZnO 电阻发生侧面绝缘闪络现象。内径 32 mm、外径 60 mm 的环形 ZnO 电阻可以通过 2 次 100 kA，4/10 μs 冲击大电流试验，而传统 ZnO 电阻发生侧面绝缘闪络现象。

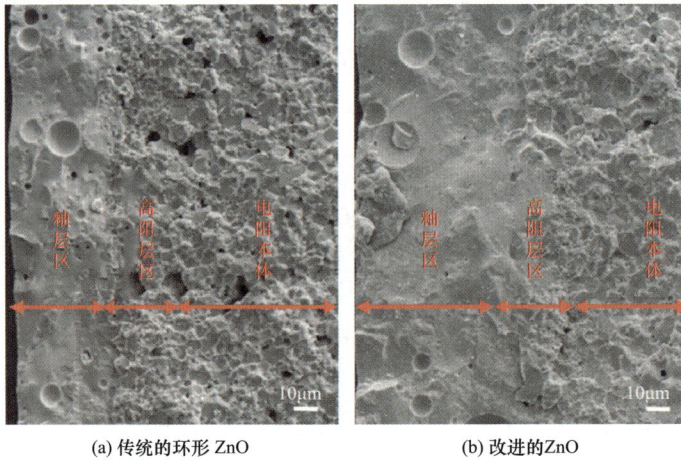

(a) 传统的环形 ZnO　　　　　　　　　　(b) 改进的 ZnO

图 3-32　传统和改进的环形 ZnO 电阻侧面绝缘层微观形貌

(a) 传统的侧面绝缘层宏观图　　(b) 改进的侧面绝缘层宏观图

图 3-33　环形 ZnO 电阻传统和改进的侧面绝缘层宏观对比图

国内外避雷器现场应用发现，避雷器存在雷击损坏的现象，尤其对于 10～35 kV 线路避雷器雷击炸裂损坏频发，如图 4-1 和图 4-2 所示。2019 年湖南浏阳地区 10 kV 线路避雷器雷击故障率高达 3 支/(100 支·a)。通过对避雷器进行冲击电流试验，发现避雷器雷击时 ZnO 电阻热膨胀，易造成避雷器内绝缘结构撕裂与电场畸变，引发内绝缘闪络，ZnO 电阻串联制成避雷器后，整支通流能力仅为单片 ZnO 电阻的 60% 左右；与此同时，在极端高幅值雷电流（无避雷线输电线路）与多次雷击重复作用下，防雷绝缘子防雷段易炸裂，严重时甚至引发防雷绝缘子芯棒断裂、掉串等严重事故，而无限制增加 ZnO 电阻通流能力的方法导致成本激增，无法实施。

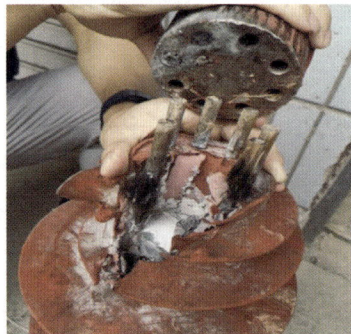

图 4-1　雷击内绝缘撕裂　　　　图 4-2　高幅值雷电流造成避雷器炸裂

针对以上问题，本章进行了整支大通流内绝缘工艺与防爆结构设计：

（1）提出整支防雷绝缘子内绝缘柔性大通流吸能结构，在相邻电阻片与电极端面垫入铝片和弹簧，液态弹性硅橡胶真空罐封 ZnO 与环氧筒内绝缘界面，防止雷击热应力引发的内绝缘破损与绝缘界面闪络。

（2）提出了极端雷电大电流疏导防爆新颖方法，防雷段采用并联保护间

隙，极端高幅值雷电流作用下沿并联间隙击穿，防止 ZnO 炸裂；同时介绍了工频故障电弧疏导凹槽结构，工频短路电流后绝缘子拉力仍大于 120 kN，攻克防雷绝缘子防爆防掉串难题。

4.1 整支大通流内绝缘结构设计

本章以 35 kV 防雷绝缘子为例，建立"电—热—力"多场耦合仿真模型，揭示了整支防雷绝缘子雷击热力形变与内部绝缘闪络机理，提出了整支 35 kV 防雷绝缘子力学弹性大通流吸能结构。

（1）在防雷绝缘子相邻 ZnO 电阻垫入柔性铝片，ZnO 与电极端面安装蝶形弹片，降低 ZnO 金属连接界面接触电阻。

（2）采用液体硅橡胶绝缘材料填充防雷绝缘子电阻片与环氧筒间隙（液态硅橡胶真空罐封绝缘技术）。

在电阻片通流能力为 130 kA 的前提下，整支防雷绝缘子 4/10 μs 大电流耐受能力也可以达到 100 kA，如图 4-3 所示。

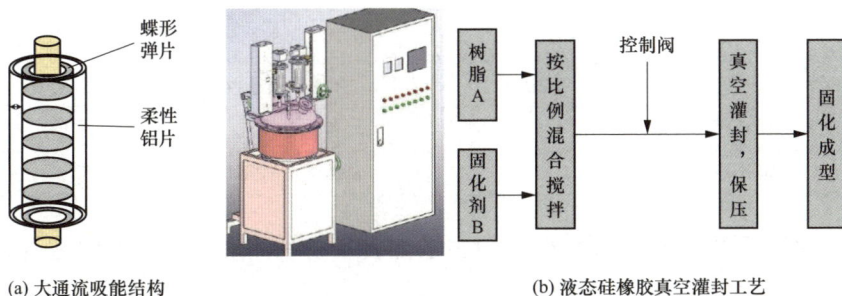

(a) 大通流吸能结构　　　　　　　(b) 液态硅橡胶真空灌封工艺

图 4-3　35 kV 防雷绝缘子力学弹性大通流吸能结构及液态硅橡胶真空灌封工艺

4.1.1 大通流内绝缘结构仿真

由于防雷避雷器主体呈轴对称结构，因此几何模型建模时采用二维轴对称模型可简化计算，构建了如图 4-4 所示的 35 kV 防雷绝缘子的二维轴对称仿真分析模型，对 35 kV 防雷绝缘子内部温度和应力进行仿真分析。

73

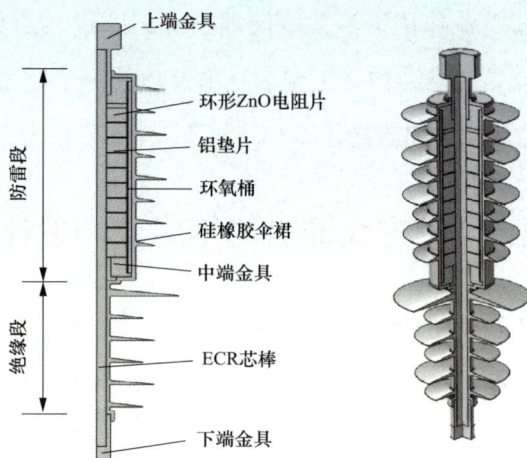

图 4-4　35 kV 防雷绝缘子几何模型

防雷绝缘子内部为贯穿防雷段与绝缘段的 ECR 耐酸耐高温芯棒。上段避雷器段由内向外分别为 ECR 芯棒、多片串联叠加环形 ZnO 电阻（铝垫片）、环氧筒和硅橡胶伞裙外壳；下端为绝缘段，由硅橡胶伞裙外壳直接包裹 ECR 芯棒构成。仿真模型的主要几何参数如表 4-1 所示。

表 4-1　　　　　　　　　　仿真模型的主要几何参数

部件	数值（mm）	部件	数值（mm）
ECR 芯棒长度	555	ZnO 电阻厚度	20
ECR 芯棒半径	12	铝垫片厚度	1
ZnO 电阻外径	37.5	硅橡胶外壳厚度	5

计算所需的其他主要材料的电参数如表 4-2 所示。上端金具设置为接地边界，电场的源设置为电流终端。

表 4-2　　　　　　　　　　仿真主要材料电参数

部件	电阻片	铝垫片	环氧筒	芯棒	硅橡胶伞裙	金具
材料	ZnO	Al	环氧树脂	电气玻璃	硅橡胶	Q235
电导率（S/m）	$S(r)$	4×10^7	1×10^{-7}	1×10^{-14}	1×10^{-16}	2.5×10^6
相对介电常数	700	1×10^5	7	4.2	2.2	5.6

不考虑外界辐射，将防雷绝缘子的散热简化为热通量，且设置空气的换热系数为 0.031 W/（m²·K），自然对流条件下空气对流换热系数取 10 W/（m²·K）。计算所需主要材料的热参数如表 4-3 所示。

表 4-3　　　　　　　　　　　　仿真主要材料的热参数

部件	电阻片	铝垫片	环氧筒	芯棒	硅橡胶伞裙	金具
材料	ZnO	Al	环氧树脂	电气玻璃	硅橡胶	Q235
导热系数 [W/(m·K)]	110	217.7	0.708	1.4	0.724	73
热膨胀系数（1/K）	5×10^{-6}	5×10^{-5}	2.5×10^{-5}	0.55×10^{-6}	1.25×10^{-4}	1.25×10^{-4}
恒压热容 [J/(kg·K)]	550	883	1200	730	1800	795

进行仿真计算时，不考虑防雷绝缘子的在自然情况下受到的风等因素造成的侧向力及垂直方向的重力以及防雷绝缘子生产过程中内部初始应力。主要材料的力学参数如表 4-4 所示。

表 4-4　　　　　　　　　　仿真主要材料力学参数

部件	电阻片	铝垫片	环氧筒	芯棒	硅橡胶伞裙	金具
材料	ZnO	Al	环氧树脂	电气玻璃	硅橡胶	Q235
杨氏模量（GPa）	100	75	1.5	67.1	8×10^{-4}	196
泊松比	0.36	0.33	0.38	0.22	0.48	0.3
密度（kg/m³）	5420	2787	2000	2580	1500	7800

对 35 kV 防雷绝缘子在 4/10 μs 冲击大电流作用下的电—热—力过程进行仿真计算，冲击大电流波形如图 4-5 所示。

图 4-6 为 6 μs 电场强度分布仿真情况。仿真结果表明，在电流路径上相同材料内部电位分布均匀，不同材料间由于电导率差异，电位分布差异性大。6 μs 时冲击大电流到达峰值，此时场强达到最大值，在避雷器外套外表面，场强最大值在伞裙根部下表面，约为 3.6101 kV/cm，内表面最大场强在阀片与金具接触部位，约为 6.3815 kV/cm。

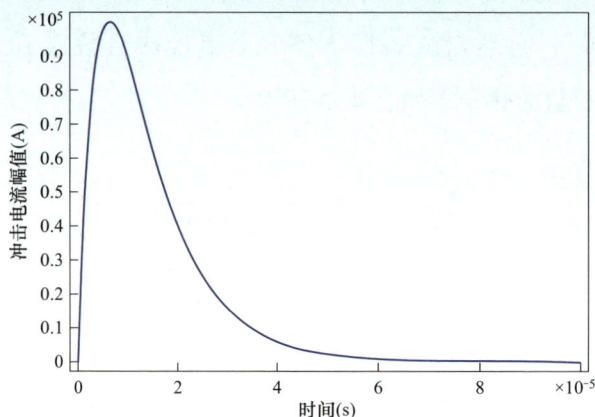

图 4-5　冲击大电流波形

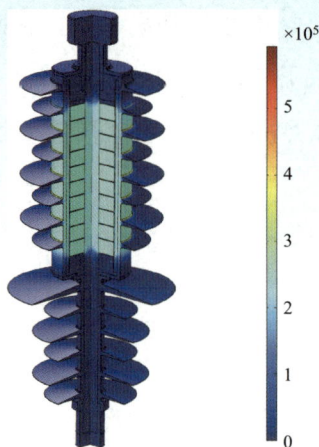

图 4-6　6 μs 电场强度分布仿真
结果

电场强度随时间变化的曲线如图 4-7 所示。可见其与冲击电流波形变化趋势几乎一致。而在实际情况中，由于存在空气间隙，存在杂散电流，影响场强分布，在电场强度较大部位更易出现电弧放电现象，应加强绝缘。100 μs 时 35 kV 防雷绝缘子的温度分布仿真结果如图 4-8 所示，图 4-9 显示了电阻片温度随时间变化的曲线。电阻片外径边缘处温度高为 44℃，内

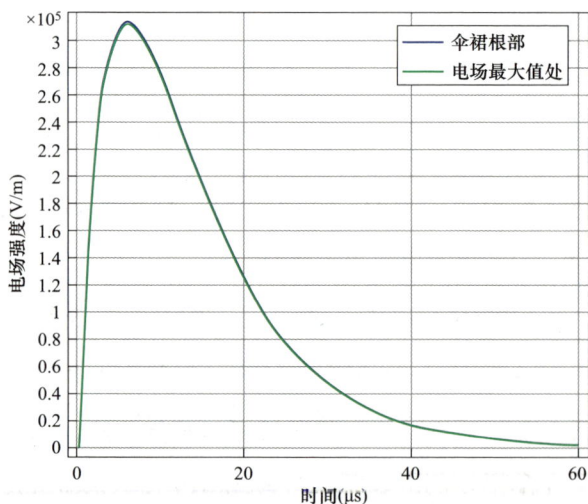

图 4-7　电场强度随时间变化情况

径边缘温度为 39℃，平均温度 41.5℃。此外，外套内表面温度较高，整支绝缘子温度分布有明显差异，因而使得绝缘子内外表面老化原因有差异，应区别讨论。

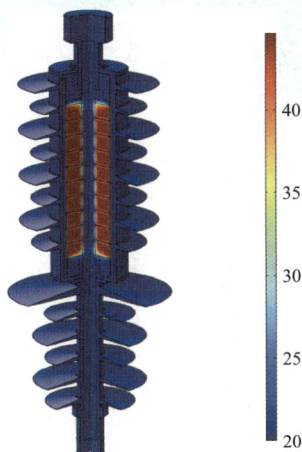

图 4-8　100 μs 温度分布仿真结果

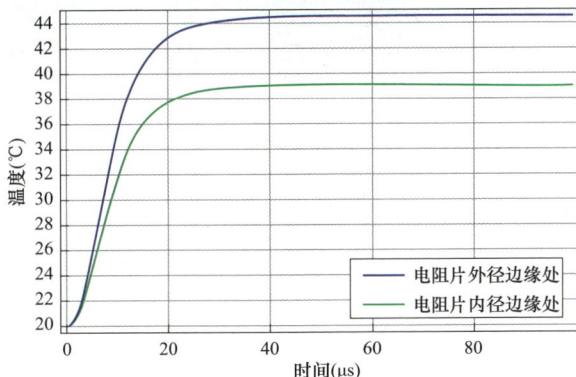

图 4-9　温度随时间变化情况

图 4-10 显示了 1 ms 时绝缘子外壳和电阻片的应力分布仿真结果，环氧筒外套内部应力主要集中在与 ZnO 电阻外径表面接触的区域，最大值约为 0.9 MPa，ZnO 电阻内部最大应力为 44.6 MPa，位于临近外径上下棱角区域处。防雷绝缘子内部应力为由温度差产生的热应力和冲击电流下电阻片膨胀挤压环氧材料产生压应力的综合作用力。防雷绝缘子 ZnO 电阻外环氧树脂（环氧筒）和环氧玻璃纤维丝带等均为脆性材料，其特点为抗压强度高，抗拉强度低，抗形变能力及抗冲击能力弱。为提升整支防雷绝缘子的通流能力，一方面要提高电阻片性能，降低温升；另一方面应减小材料间的挤压程度。当应力过大会使环形筒内壁破裂，也会增大冲击电流下的侧面闪络发生概率，留下安全隐患并且难以从外部观测察觉，在极端情况下甚至可能发生整体炸裂。

对在电阻片与复合外套之间采用三种不同材料（环氧树脂筒、环氧玻璃纤维丝带、环氧树脂筒＋填充硅橡胶）的防雷绝缘子进行仿真计算。玻璃纤维及填充胶材料参数如表 4-5 所示。

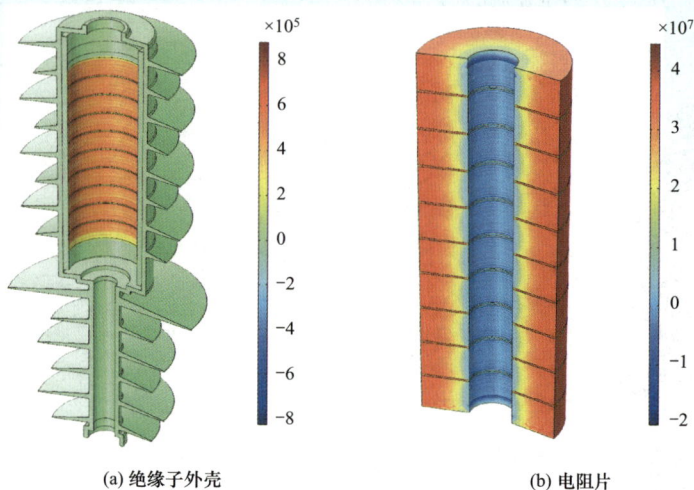

(a) 绝缘子外壳

(b) 电阻片

图 4-10　绝缘子外壳和电阻片的应力分布仿真结果

表 4-5　　　　　　　　　　玻璃纤维及填充胶材料参数

材料	玻璃纤维	填充胶
导热系数［W/(m·K)］	0.506	0.724
热膨胀系数（1/K）	3.33×10^{-5}	1.25×10^{-4}
恒压热容［J/(kg·K)］	1400	1800
杨氏模量（GPa）	1.7	8×10^{-4}
泊松比 /1	0.38	0.48
密度（kg/m³）	1800	1500

100 kV 大电流冲击作用下外套最大应力值随时间变化曲线如图 4-11 所示。使用环氧树脂筒与玻璃纤维丝带两种材料外套内壁承受最大应力分别为 0.9727、1.4260 MPa，采用"液态硅橡胶真空罐封"技术在环氧树脂筒内壁填充胶层后最大应力降至 0.1293 MPa。分析原因认为：填充硅橡胶在雷电冲击电流作用下表现出一定"弹性"（发生弹性形变），使得电阻片因热应力膨胀后对环氧筒的挤压程度降低，从而也使环氧筒内壁上受力更均匀，从而降低最大应力。

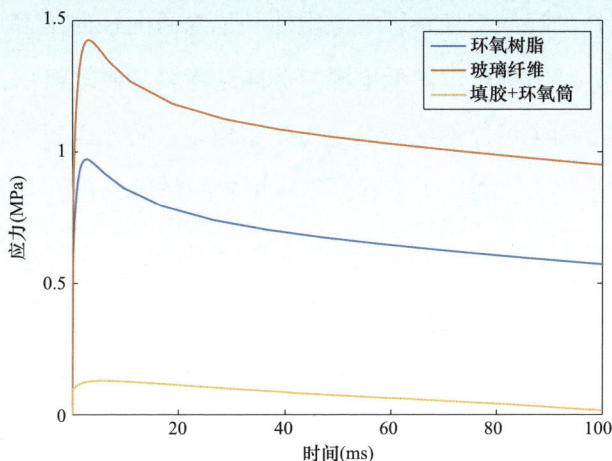

图 4-11　不同外套内部应力随时间变化曲线

从以上 35 kV 防雷绝缘子"电—热—力"多场仿真和分析结果可知，改善避雷器内部结构是保证安全、可靠运行，提高整支避雷器通流能力的有效措施，具体方法如下：

（1）采用高性能 ZnO 电阻。通过增大 ZnO 电阻的尺寸可以获得更大的通流能力，但是由于避雷器的几何尺寸受到运行环境的限制，不可无限制地增大，使得电阻片的尺寸也限制了范围，而一味增大尺寸也将提高成本。采用性能优、通流能力强的电阻片，可以有效降低雷电冲击电流的温升，进而从根本上降低了 ZnO 避雷器内部的应变和应力情况。

（2）使用软金属垫片和弹簧片。将材质软、导电性能强的金属垫片设置在电阻片与电阻片之间，金属垫片可起到改善电流分布、降低局部放电概率和加强散热的作用。在 ZnO 电阻与金具之间设置弹簧片，在电流流过电阻片时，电阻片温升发生热膨胀时，弹簧片则被压缩，降低了电阻片与金具之间的轴向压力。同时金属垫片导热性能优异，放置在电阻片之间可以在大电流冲击后将内部的热量快速沿轴向传导至外界，也可将电阻片中心位置的热量向绝缘筒传导。

（3）绝缘筒内壁填充弹性胶。在 ZnO 电阻与绝缘筒之间填充弹性胶，可以缓冲电阻片的径向应变，缓解电阻片和绝缘筒的径向压力。使用弹性胶降低径向压力，一方面可以降低电阻片侧面绝缘釉的破损概率，防止发生侧面闪络；另一方面也可以使绝缘筒受力分布均匀，防止因表面的凹凸区域造成局部应力过于集中，在应力上起到削峰填谷的作用。

4.1.2　大通流内绝缘结构试验验证

为验证整支大通流结构的可靠性，选取 4 支 35 kV 防雷绝缘子进行整支产品 100 kA 冲击大电流测试。根据 GB/T 11032—2020《交流无间隙金属氧化物避雷器》技术标准，如果在连续 2 次相同幅值的冲击电流测试下，试品测试前和测试后的直流 1mA 参考电压变化率不超过 10%，则认为该防雷绝缘子（或避雷器）通过了对应幅值的 4/10 μs 冲击大电流测试，试验实物如图 4-12 所示，试验结果和波形分别如表 4-6 及图 4-13 所示。

(a) 防雷绝缘子　　　　　　　　　　　　(b) 避雷器

图 4-12　35 kV 防雷绝缘子和避雷器比例单元 4/10 μs 冲击电流试验接线

表 4-6　35 kV 防雷绝缘子和避雷器比例单元 4/10 μs 冲击电流试验结果

试品编号	直流 1mA 电压（kV）	充电电压（kV）	4/10 μs 冲击电流（kA）	波头/波尾（μs）	测后参考电压（kV）	转移电荷（C）
1 号和 2 号	25.3/25.3	96	103.63	4.5/9.9	23.4/25	0.80
		96	109.17	4.6/10		0.85
3 号和 4 号	26.2/26.2	92	103.34	4.5/9.9	24.1/25	0.79

续表

试品编号	直流 1mA 电压（kV）	充电电压（kV）	4/10 μs 冲击电流（kA）	波头 / 波尾（μs）	测后参考电压（kV）	转移电荷（C）
3 号和 4 号	26.2/26.2	92	102.69	4.5/9.9	24.1/25	0.79

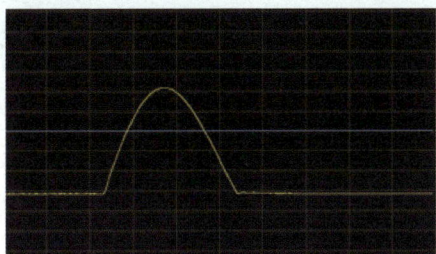

(a) 1号和2号第一次4/10μs冲击大电流试验(103.63kA)　　(b) 1号和2号第二次4/10μs冲击大电流试验(100.17kA)

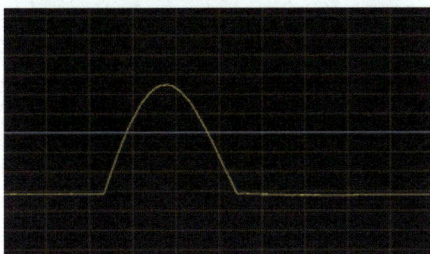

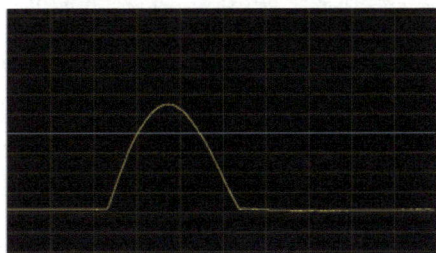

(c) 3号和4号第一次4/10μs冲击大电流试验(103.34kA)　　(d) 3号和4号第二次4/10μs冲击大电流试验(102.69kA)

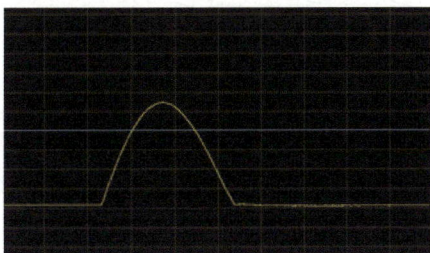

图 4-13　35 kV 防雷绝缘子整支大电流冲击试验结果

由 1～4 号试品试验前后直流 1mA 参考电压变化率分别为 7.51%、1.19%、8.02%、4.58%，100 kA 冲击大电流试验后电压变化率直流 1mA 参考电压小于 10%，未发生损坏，试品通过了整支 100 kA 大电流试验，有效验证了防雷绝缘子整支大通流内绝缘结构。

4.2　防雷绝缘子防爆结构设计

4.2.1　压力释放防爆结构设计

4.2.1.1　设计思路

金属氧化物避雷器的核心部件为 ZnO 电阻，若防雷绝缘子或避雷器承受的冲击电流过高，超过耐受能力，则电阻片在短时间内不能将全部的热量及时散发到外部，从而引起避雷器的热崩溃，最终导致防雷绝缘子炸裂损坏。为确保防雷绝缘子的安全性与有效性，有必要设计防雷绝缘子的防爆结构。

针对以上问题，本节在防雷绝缘子防雷段绝缘筒上设计了防爆结构。在防雷段环氧树脂筒上布置应力薄弱防爆凹槽，极端工况导致 ZnO 爆破时，防爆凹槽率先破损，短路电弧在自身高温高压作用下主动转移至绝缘子外部，防止芯棒受损掉串（见图 4-14），进而防止防雷段内部形成稳定的电弧，虽然避雷

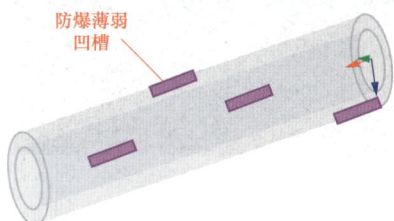

图 4-14　避雷器单元防爆筒结构设计

器单元表面及绝缘筒严重烧蚀，但内部芯棒完好，其芯棒抗拉强度未发生明显衰变，能有效避免线路掉串，进而提升防雷绝缘子运行的安全可靠性。

4.2.1.2　短路电流防爆试验

根据以上思路设计了防雷绝缘子防爆结果，以 110 kV 防雷绝缘子（见图 4-15）为例开展短路试验，验证防雷绝缘子的防爆能力。

图 4-15　110 kV 防雷绝缘子

短路防爆试验在苏州电器科学研究院大容量工频电流发生器实验室进行，通过短路发电机产生工频电压，调节电抗器的电抗值可以输出 10 A～100 kA 有效值的工频短路电流。大功率工频电流发生器试验平台见图 4-16。

图 4-16 大功率工频电流发生器试验平台

在避雷段本体紧贴电阻片外环竖向预埋直径为 0.5 mm 的短路熔丝，试验通过向短路熔丝施加工频短路电流（大短路电流：有效值 20 kA、持续时间 0.2 s；小短路电流：有效值 800 A、持续时间 1 s）模拟短路故障，以检验防雷绝缘子的防爆性能，现场试验接线及布置如图 4-17 所示。防爆试验后，防雷绝缘子不应该出现强烈的粉碎性

图 4-17 防冰防雷绝缘子防爆试验现场布置

爆炸；且试品周边围栏外不能出现大于 60 g 的电阻片碎片；试品本身及任何喷出的部件必须在 2 min 内自动熄灭明火。

（1）800 A 电流短路试验。在"800 A 工频电流、持续时间 1s"小电流短路试验过程中，采用高速摄影仪拍摄试品起弧、电弧持续及熄灭过程，如图 4-18 所示；800 A 电流短路试验后的防雷绝缘子烧蚀情况如图 4-19 所示。

(a) 现场布置 (b) 开始起弧 (c) 弧光从防爆槽喷出 (d) 电弧增强

(e) 电弧减弱 (f) 电弧继续增强 (g) 电弧减弱 (h) 电弧减弱

图 4-18 800 A、1 s 小电流短路试验电弧发展过程

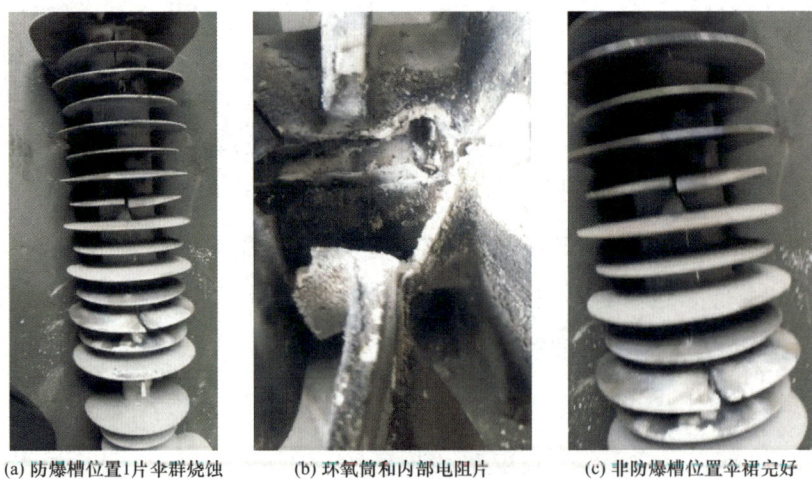

(a) 防爆槽位置1片伞群烧蚀 (b) 环氧筒和内部电阻片 (c) 非防爆槽位置伞裙完好

图 4-19 800 A 小电流短路试验后的 220 kV 防雷绝缘子等比例模块照片

根据试验结果可知：

1）800 A 电流短路试验期间，110 kV 防雷绝缘子未出现粉碎性爆炸，工频电流电弧沿着预埋的短路熔丝持续燃烧，产生的压力沿防爆槽释放，将防爆槽位置伞群撕裂，未出现炸裂和明火燃烧现象。结合试品电压和电流波形，试验结果满足标准要求，110 kV 防雷绝缘子通过了 800 A 电流短路试验。

2）从 800 A 电流短路试验电弧发展过程图片可知，当工频高压施加在防雷绝缘子内预埋熔丝上时，瞬间产生有效值为 848.5 A 的工频短路电流，电流的燃烧产生炽热的电弧和耀眼的弧光，由于工频短路电弧为正弦波且持续 50 个周波，因此试验时出现"起弧、电弧增强且弧光变亮、电弧减弱弧光变暗、电弧再增强"的反复过程。

3）在工频电流电弧持续燃烧期间，会在熔丝上产生强大的能量和温度升高，并在局部空间产生巨大压力，当该压力超过设置的防爆槽（压力释放弱点）抗压值时，将防爆槽冲破，弧光从防爆槽位置高速喷出并伴随耀炽热的白光，将靠近防爆槽位置的 1 片复合伞裙撕裂和烧伤。因此防爆槽位置附近的伞裙损伤程度比其他位置更为严重。

4）由于工频短路电弧从防爆槽处进行了能量与压力释放，相当于保护了其他位置伞裙和内部 ZnO 电阻，因此 800 A 电流短路试验后，防雷绝缘子内部非防爆槽位置的环氧筒仍保持完好。

5）从试品电压和电流波形来看，本次小电流短路试验相当于给 110 kV 防雷绝缘子施加了 $2.8 \times 848.5 \times 1 = 2375.8$（kJ）的能量（约与 120 kA、2.6/50 μs 的雷电流能量相当），由试验结果可知，在承受与工频短路电流能量相当的雷电流时，防雷绝缘子不会发生芯棒损伤，避免了掉串的风险。

（2）20 kA 大电流短路试验。在 20 kA 工频电流、持续时间 0.2 s 大电流短路试验过程中，同样采用高速摄影仪拍摄试品起弧、电弧持续及熄灭过程，如图 4-20 所示；20 kA 大电流短路试验后的防雷绝缘子外观照片如图 4-21 所示。

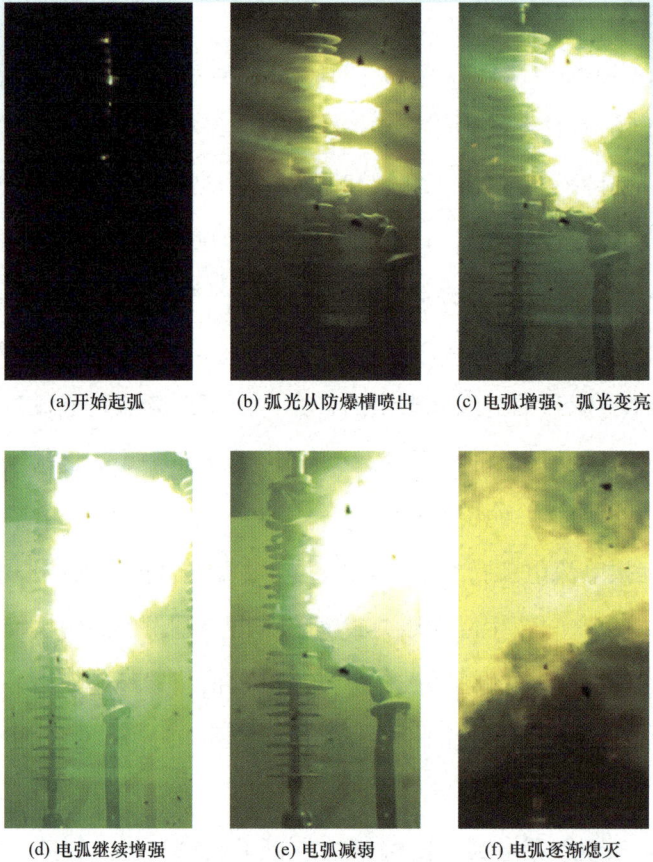

(a)开始起弧　　　　(b) 弧光从防爆槽喷出　　　(c) 电弧增强、弧光变亮

(d) 电弧继续增强　　　(e) 电弧减弱　　　　(f) 电弧逐渐熄灭

图 4-20　20 kA、0.2 s 大电流短路试验电弧燃烧过程

(a) 防爆槽位置3片伞群烧蚀　　　(b) 环氧筒表面烧焦　　　(c) 非防爆槽位置烧蚀痕迹

图 4-21　20 kA 大电流短路试验后的防雷绝缘子照片

根据图 4-20 和图 4-21 的试验结果可知：

1）20 kA 电流短路试验期间，防雷绝缘子未出现粉碎性爆炸，工频电流电弧沿着预埋的短路熔丝持续燃烧，产生的压力沿防爆槽释放，将防爆槽位置 3 片伞群撕裂，未出现炸裂和明火燃烧现象。结合试品电压和电流波形，试验结果满足标准要求，防雷绝缘子通过了 20 kA 电流短路试验。

2）与 800 A 电流短路试验类似，当工频高压施加在防雷绝缘子预埋熔丝上时，产生有效值为 19.2 kA 的工频短路电流，电流的燃烧产生炽热的电弧和耀眼的弧光，工频短路电弧持续 10 个周波，试验时出现"起弧、电弧增强且弧光变亮、电弧减弱弧光变暗、电弧再增强"的反复过程。

3）与 800 A 电流短路试验不同：由于施加的工频电流更大，在熔丝上产生的能量和温度升高也更大，所释放的巨大压力将防爆槽冲破后再将附近 3 片伞裙撕裂，同时防雷段复合外套上有一道 15cm 的纵向裂口，附近其他伞裙的烧蚀也更为严重；同时工频短路电流产生的温升还将绝缘子球窝金具表面烧融。

4）工频短路电弧从防爆槽位置进行了能量与压力释放，但由于短路电流大，防爆槽位置环氧筒出现 15cm 长裂口，整个环氧筒表面被烧黑，氧化锌电阻表面绝缘釉和内部 ZnO 电阻发黑现象严重。

800 A 电流短路试验和 20 kA 大电流短路试验前，对 110 kV 防冰防雷绝缘子分别进行 120 kN 拉力保持 1 min 以及破坏试验，如图 4-22 所示。

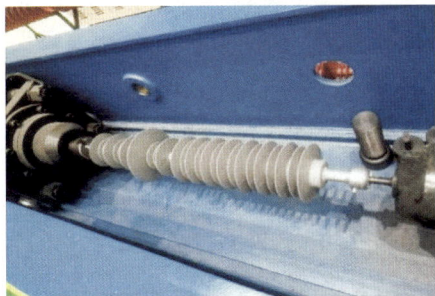

(a) 机械拉力试验现场布置

图 4-22　防爆试验前防雷绝缘子机械负荷试验（一）

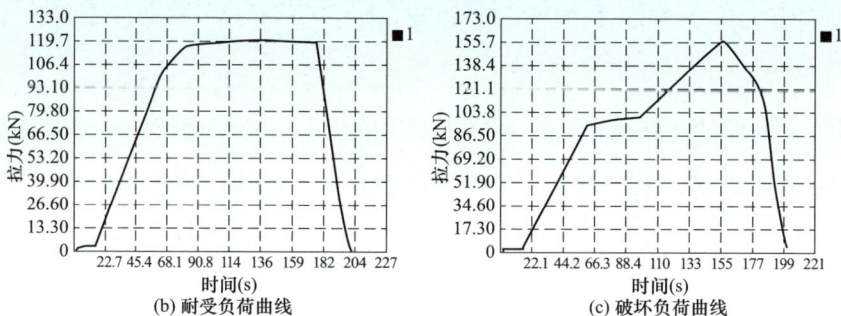

(b) 耐受负荷曲线

(c) 破坏负荷曲线

图 4-22　防爆试验前防雷绝缘子机械负荷试验（二）

　　防雷绝缘子耐受 120 kN 拉力维持 1 min 后，绝缘子外观无异常变化；且机械拉伸破坏负荷为 155.7 kN，满足设计和挂网运行要求。

　　对两支不同的 110 kV 防冰防雷绝缘子分别进行 800 A 电流短路试验和 20 kA 大电流短路试验，试验后的两支样品分别进行 120 kN 机械拉力试验，如图 4-23 和图 4-24 所示。

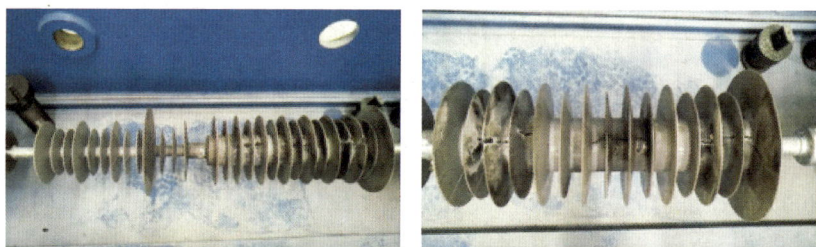

(a) 800A电流短路试验后的拉伸试验

(b) 20kA电流短路试验后的拉伸试验

图 4-23　防爆试验后防雷绝缘子拉力试验

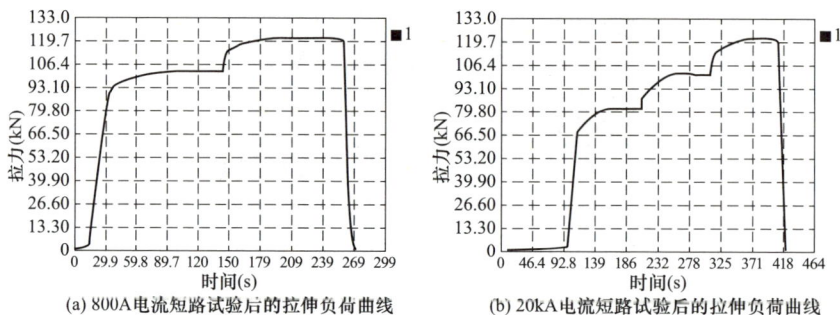

(a) 800A电流短路试验后的拉伸负荷曲线

(b) 20kA电流短路试验后的拉伸负荷曲线

图 4-24　防爆试验后防雷绝缘子拉伸负荷曲线

将 800 A 电流短路试验和 20 kA 大电流短路试验前后的防雷绝缘子拉力试验结果汇总于表 4-7 所示。

表 4-7　　　　　　　　　防雷绝缘子拉力试验结果

试验项目	防爆试验前		防爆试验后	
	耐受负荷（kN/1 min）	破坏负荷（kN）	800 A 电流短路试验后耐受负荷（kN/1 min）	20 kA 大电流短路试验后耐受负荷（kN/1 min）
拉力数值	120	155.7	120	120

从拉伸负荷曲线并结合现场试验情况，800 A 电流短路试验和 20 kA 大电流短路试验后的防雷绝缘子都通过了 120 kN 额定机械负荷试验，试验后绝缘子外观无异常变化。以上试验结果表明：即使防雷绝缘子挂网后发生本体故障（电阻片损坏），在遭受雷击时也不会发生因工频短路电流引起的破坏性爆炸和绝缘子掉串现象，拉力变化率≤5%，满足挂网运行要求。

由防爆试验还可知：

1）防爆试验过程中，110 kV 防雷绝缘子未出现粉碎性爆炸，工频电流电弧沿着预埋的短路熔丝持续燃烧，产生的压力沿防爆槽释放，未出现炸裂和明火燃烧现象。结合试品电压和电流波形，防雷绝缘子通过了 800 A 电流和 20 kA 大电流短路试验。

2）在防爆试验过程中，工频电流电弧在熔丝上产生强大的能量和温度升高，并在局部空间产生巨大压力，该压力将防爆槽（压力释放弱点）冲破，弧光从防爆槽位置高速喷出并伴随耀炽热的白光，将靠近防爆槽位置的复合伞裙撕裂和烧伤，因此防爆槽位置附近的伞裙和环氧筒损伤程度比其他位置更为严重。

3）防爆试验前和试验后的防雷绝缘子都能承受 120 kN（1 min）机械拉力试验，试验结果表明：即便防雷绝缘子挂网运行后发生本体故障（电阻片损坏），在遭受雷击时也不会发生因工频短路电流引起的破坏性爆炸和绝缘子掉串现象，满足挂网运行要求。

4.2.2 防雷段并联保护间隙

正常工况下，防雷绝缘子串联间隙承受运行电压；雷击时串联间隙击穿，雷电流经防雷段泄放；雷击后 ZnO 电阻熄灭工频续流电弧。对于未全线架设架空地线的 35 kV 线路以及部分取消地线的高寒山区输电线路，雷击导线的实际雷电流可达数百千安，当雷电流超过 ZnO 电阻耐受能力时，ZnO 电阻将炸裂损坏，甚至威胁到内部芯棒安全稳定运行。

为防止防雷防冰绝缘子防雷段发生永久性损坏，本节提出在防雷段两端并联保护间隙（见 4-25），其原理如是：当雷电流幅值超过保护设定阈值时，电阻片残压导致并联间隙击穿，雷电流通过短路击穿电弧放电，引发线路跳闸并保护产品本身。并联间隙对防雷绝缘子防雷性能起到重要影响，若并联保护间隙过长，则难以起到防止防雷绝缘子炸裂的作用，若距离过短，则易增加输电线路的跳闸概率，因此有必要整定防雷绝缘子并联间隙距离等参数。

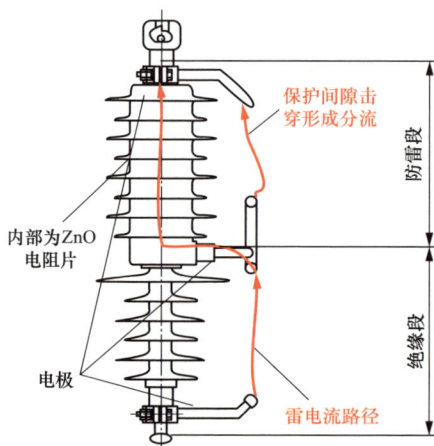

图 4-25　35 kV 防雷防冰绝缘子

4.2.2.1 试验平台

下面以 35 kV 电压等级的防雷绝缘子为例，介绍并联保护间隙设计方法。在国网湖南电力有限公司电网防灾减灾全国重点实验室建设了"35 kV 防雷防冰绝缘子并联间隙残压击穿特性"（见图 4-26）试验平台，在防雷防冰绝缘子防雷段并联距离可调的保护间隙。对防雷绝缘子施加雷电冲击电流，测量不同雷电冲击电流下的残压特性，并根据氧化锌电阻可以耐受的雷电冲击电流设计并联保护间隙距离。

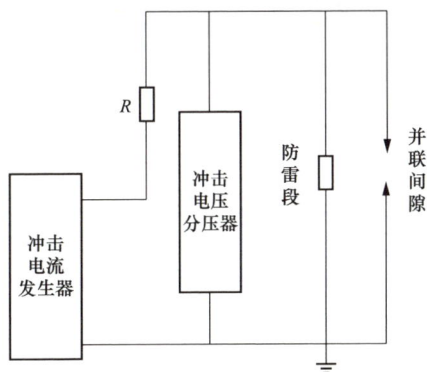

(a) 试验原理

(b) 现场试验布置

图 4-26   35 kV 防雷防冰绝缘子"保护间隙残压击穿特性"试验平台

4.2.2.2   间隙动作特性测试

如图 4-27 所示，对常见的放电电极结构，即 20、30 mm 球球放电、尖 -20 mm 球、尖—尖放电进行不同间隙距离下进行雷电冲击测试。测试结果如图 4-28 所示，在负极性下，20 mm 的放电球击穿电压明显低于 30 mm，

(a) 尖—尖

(b) 尖—球

(c) 球—球

图 4-27   不同结构的并联放电间隙

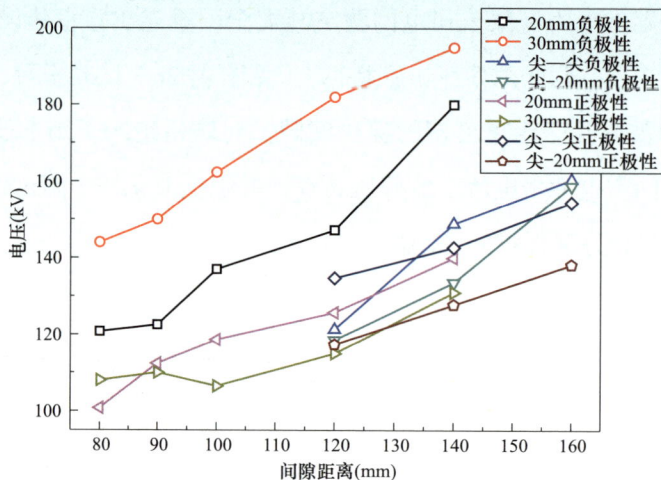

图 4-28　不同间隙雷电击穿电压测试结果

同时尖球放电的放电电压最低。在正极性下，不同放电球击穿电压较为接近。考虑间隙距离太短，会影响绝缘子防冰性能，建议采用尖 -20 mm 放电球形成的放电间隙。

由图 4-28 可知，"针—球"间隙在不同雷电冲击电压下的分散性最小，因此 35 kV 防雷绝缘子采用"针—球"间隙作为保护间隙结构，同时得到不同距离下的保护间隙在不同幅值 8/20 μs 电流下残压数据如图 4-29 所示。

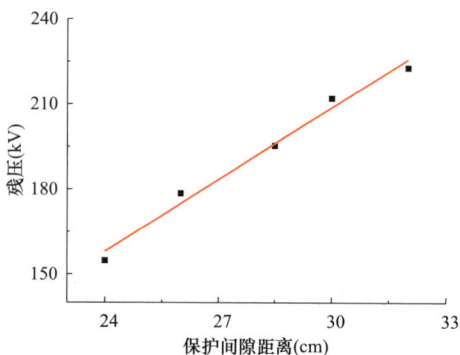

图 4-29　间隙击穿电压与保护间隙长度对应关系

保护电流与间隙长度计算方法如图 4-30 所示，根据防雷绝缘子可以耐受的最大雷电流幅值 I_m，获得此时防雷绝缘子对应的防雷段残压 U_m，将此残压整定为防雷并联保护间隙的保护动作电压 U_4（考虑到雷电多为负极性，保护动作电压设置为间隙的负击穿电压），U_4 对应的间隙距离即为保护间隙的距离。

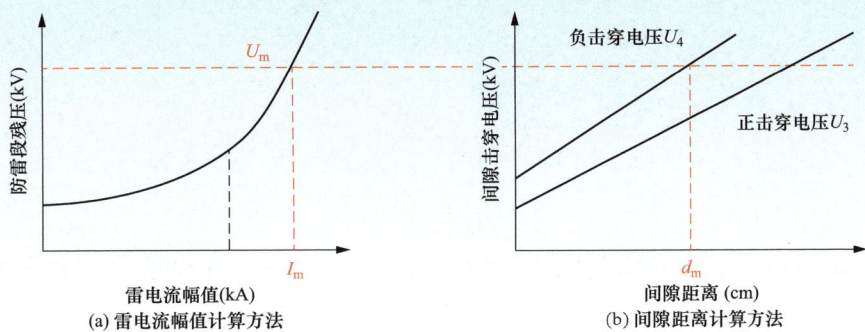

图 4-30 保护电流与间隙长度计算方法

I_m—氧化锌电阻最高耐受电流；U_m—最高耐受电流对应残压；d_m—保护间隙距离

　　并联保护间隙结构已经在 35 kV 防雷绝缘子中广泛应用，现场应用情况表明，并联保护间隙可以有效防止防雷绝缘子在少数极端高幅值雷电流作用下炸裂损坏。

防雷绝缘子同时具有绝缘子与避雷器的功能，在进行产品出厂挂网前，需要同时满足绝缘子与避雷器双重标准。对于不同的应用场景，防雷绝缘子的参数选型与性能要求均有所不同，导致防雷绝缘子在推广应用时缺乏统一的性能认证与参数选型标准。目前国内外关于防雷绝缘子的性能试验尚未有相关的标准。

针对以上问题，为保障防雷绝缘子出厂质量，确保防雷绝缘子在现场安全稳定运行，本章在现有绝缘子和避雷器性能试验的基础上系统性地介绍了防雷绝缘子相关试验内容及性能指标要求，主要内容如下：

（1）介绍了现有绝缘子避雷器标准规定的防雷绝缘子常规性能试验内容，新型号防雷绝缘子在现场应用前必须具备相关试验标准。

（2）介绍了 500 kV 电压等级防雷绝缘子"工频 – 冲击"联合加压闪络试验装置电路结构，用于开展 500 kV 防雷绝缘子联合加压闪络试验，用于验证防雷绝缘子工频续流熄弧能力。

（3）针对 10 kV 绝缘导线雷击断线问题，本书建设了 10 kV 单相接地雷击断线模拟试验平台，用于研究绝缘导线雷击断线性能并验证防雷绝缘子防雷与防雷击断线能力。

（4）针对整支防雷绝缘子 / 避雷器通流能力低于单片电阻片的问题，本书建设了 10/35 kV 防雷绝缘子整支大电流试验平台，并提出了相应试验方法，用于验证整支防雷绝缘子通流能力。

（5）针对防雷绝缘子 / 避雷器在复杂气候条件下特别是夏季高温高湿环境下长期运行存在的硅橡胶材料老化、密封失效的问题，开展了叠加工频电

压的高温老化试验，用于验证防雷绝缘子与避雷器长期运行过程中的气候稳定性。

本章内容可以为防雷绝缘子的现场应用提供系统性试验数据支撑。

5.1　常规性能试验

防雷绝缘子需进行的绝缘子与避雷器相关性能试验如表 5-1 所示，详情参考相应的绝缘子避雷器标准，本章不再另外赘述。

表 5-1　　　　　　　主　要　试　验

序号	检验项目
1	复合外套及支撑件外观检查
2	直流参考电压试验
3	0.75 倍直流参考电压下泄漏电流试验
4	工频参考电压试验
5	残压试验
6	动作负载试验
7	密封试验
8	复合外套绝缘耐受试验
9	局部放电试验
10	雷电冲击放电电压试验
11	冲击伏秒特性试验
12	工频耐受电压试验
13	间隙距离测量
14	支撑件工频耐受电压试验
15	支撑件陡波冲击电压试验
16	本体故障后绝缘耐受试验
17	金具镀锌检查
18	无线电干扰试验
19	工频续流遮断试验
20	电流冲击耐受试验

序号	检验项目
21	爬电比距试验
22	短路电流试验
23	湿气浸入试验
24	机械性能试验

5.2　联合加压闪络试验

金属氧化物避雷器安装于输电线路中，主要用于吸收并泄放雷电能量，起到抑制雷电过电压、熄灭工频续流电弧，防止雷击跳闸停电的作用。避雷器在运行条件下遭受雷击时，其高压端承受的电压呈现出工频与冲击电压相互叠加的波形，为研究避雷器在雷击后的工频续流燃弧特性，有必要研发"工频—冲击"联合加压试验装置，开展避雷器工频续流遮断试验，验证避雷器工频续流熄弧能力。

"工频—冲击"联合加压需要实现工频试验变压器与冲击电压发生器的联合加压，但存在以下两个主要的技术难点：

（1）500 kV 以上的联合加压设备电压等级高，试验时工频试验变压器与雷电冲击电压发生器双电源叠加，导致一次侧交流试验变压器以及冲击电压发生器等设备损坏频繁。

（2）雷击过电压与工频电压叠加，二次侧高频冲击电压电流测量波形易失真，雷电冲击电流串扰至控制测量电路，甚至还有可能造成 220V 电源损坏，500 kV"工频—冲击"联合加压二次侧电磁兼容难度大。

针对联合加压试验装置试验中存在的故障频繁的问题，本书提出了高可靠性保护元件的联合加压试验电路，并研制了 500 kV 联合加压试验装置。基于 500 kV 联合加压试验装置开展了带间隙避雷器在"工频—冲击"电压联合加压作用下的工频续流切断试验。

5.2.1 联合加压试验电路

在 IEC 60099 推荐的工频续流遮断试验电路基础之上设计了相应的保护元件。完成了 500 kV 电压等级"工频—冲击"联合加压试验装置的研制与 110 kV、500 kV 带间隙避雷器的工频续流遮断试验，有效验证了避雷器在雷击后熄灭工频续流电弧的能力。

工频续流试验装置的电路结构如图 5-1 所示，主要包括冲击电压源（冲击电压发生器），工频试验变压器 T，被测试品、冲击串联保护避雷器 RT2，串联间隙 S1，工频并联保护避雷器 RT1，并联间隙 S2，串联电阻保护电阻 R 与串联保护阻抗 L 等。分压器 1 与分压器 2 用于测量回路电压，控制电路根据工频电压相位触发冲击电压发生器产生冲击电压，实现工频和冲击电压在预定相位叠加。

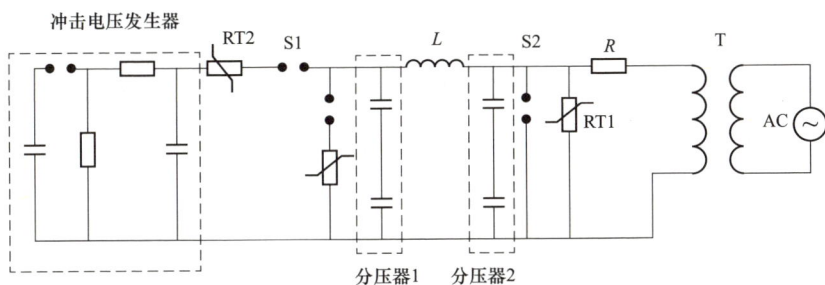

图 5-1　工频续流试验装置的电路结构

联合加压试验电路主要设备参数选型说明如下：

（1）调压器 + 试验变压器。最高单相工频输出电压取 500 kV，用于产生稳定的工频电压输出。

（2）冲击电压发生器。500 kV 避雷器外间隙 50% 冲击电压不大于 1760 kV，考虑到装置容量，因此取冲击电压发生器参数为 3200 kV/160kJ。

（3）冲击侧与工频侧保护避雷器。工频侧保护避雷器 RT1 并联安装于试验变压器出口端，用于限制试验变压器出口端过电压，冲击侧保护避雷器

RT2 串联安装于冲击电压发生器输出端，用于防止冲击电压器输出端间隙重燃。保护避雷器参数取值略大于工频电压。

（4）隔离间隙。隔离触发间隙之间的距离可调，保证工频电压作用下间隙不发生击穿，冲击电压作用下可以稳定击穿。

（5）隔离阻抗。在冲击电压发生器作用时，隔离阻抗起到隔离冲击交流电压源的作用，由于文中采用了调波电容，为防止产生振荡，采用电感和 1 电阻串联，构成隔离阻抗。

（6）交流侧分压器。交流侧分压器同时起调波电容的作用，高压 / 低压臂电容分别为 25nF/25μF，交流系统额定电压为 290 kV，但考虑到调波电容需要承受冲击电压，因此，选取交流侧分压器额定电压为 3200 kV。

（7）冲击侧分压器。冲击侧分压器用来测量试品两端电压，由于需要同时测量工频以及冲击电压，因此采用弱阻尼分压器进行测量，冲击侧分压器额定电压为 3200 kV。

（8）电流测量装置。电流测量考虑采用分流器或罗氏线圈，考虑到测量精度，需要 5 A/100MHz 以及 50 kA/100MHz 的测量装置各一套，分别用于测量续流电流以及冲击电流。

5.2.2 联合加压试验

基于前文所述工作，完成了联合加压试验装置研制（见图 5-2），开展 110 kV 与 500 kV 防雷绝缘子联合加压试验，得到典型的试验现象如图 5-3 所示。

500 kV 避雷器联合加压试验波形与仿真结果如图 5-4 所示，联合加压实验装置可有效模拟避雷器正常动作、未动作以及避雷器本体段故障短路情况下的试验工况。1000 余次重复试验过程中，试验装置未发生损坏，验证了书中试验电路结构与保护元件的可行性。

图 5-2　500 kV 联合加压试验装置

图 5-3　联合加压试验现象

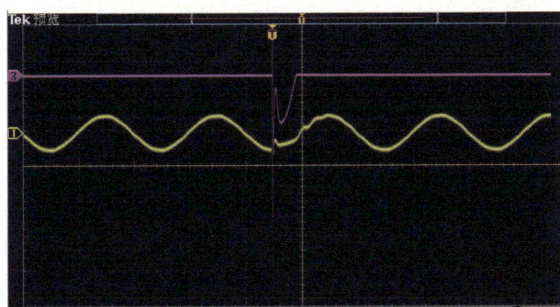

(a) 避雷器正常击穿下联合加压试验波形

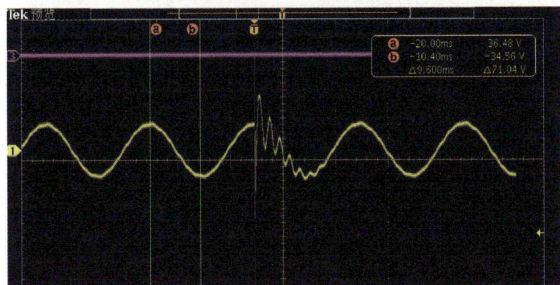

(b) 避雷器未动作时联合加压试验波形

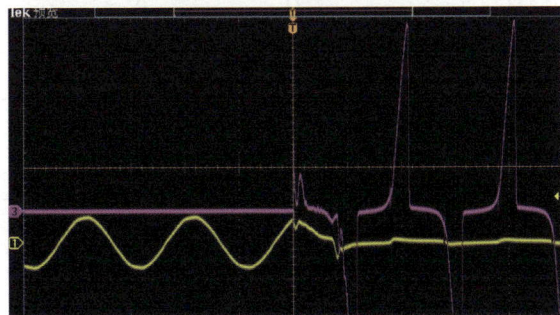

(c) 避雷器本体段故障短路联合加压试验波形

图 5-4　联合加压试验结果

5.3 雷击断线模拟试验

5.3.1 试验装置

雷击断线试验装置结构如图 5-5 所示，试品 RT 安装于试品支架上，通过工频电源施加工频电压，模拟交流运行工况，在预定时刻和相位触发冲击电压发生器导通，触发保护球隙击穿，冲击电压作用于试品，模拟试品遭受雷击。冲击电压衰减后，保护球隙中的电弧熄灭，试品上的工频续流电弧持续燃弧，进而检验是否发生雷击断线现象。

（1）工频电源。T1 表示调压器与试验变压器的组合，电源容量 120 kVA，并带有电气隔离功能。工频电压幅值最高 20 kV，且可以稳定输出 6～10 A 交流电流 30 min 以上。

（2）冲击电源。冲击电源由 380V 电源引入，经充电单元进行充电，充电变压器容量为 5 kVA。冲击电压发生器额定电压 / 能量为 400 kV/40kJ。

（3）控制测量单元。实现冲击电压 0～200 kV，工频电压 0～20 kV 可调，工频与冲击电压在任意相位叠加，精度为 1°。

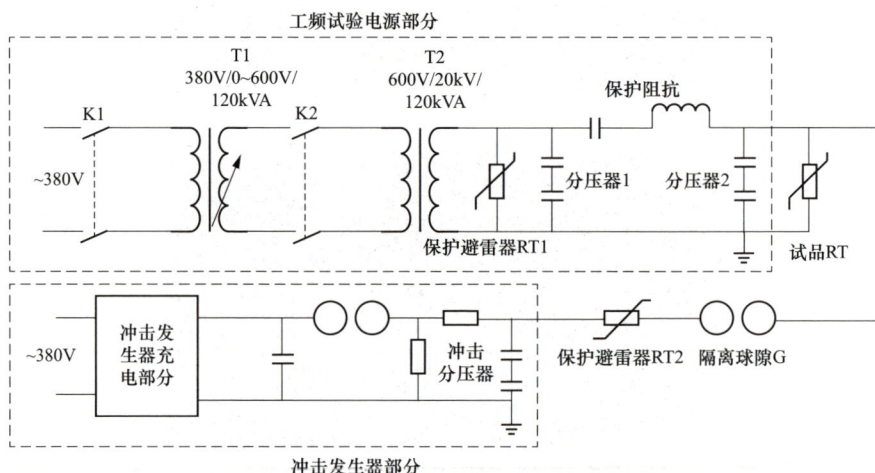

图 5-5 雷击断线试验装置结构

5.3.2 试验现象

雷击断线试验装置及试验现象如图 5-6 所示，以常见的裸导线与绝缘导线为研究对象，将裸导线与绝缘导线安装在试验平台上，试品为 70 mm^2 绝缘导线与 95/15 mm^2 裸导线（95 mm^2 导线总截面积、15 mm^2 钢导线面积），绝缘导线均为铝，裸导线为钢芯率绞线。将样品固定在雷击断线试验装置上，重物拉紧，用于模拟导线拉力。

(a) 试验装置   (b) 试验现象

图 5-6   雷击断线试验装置

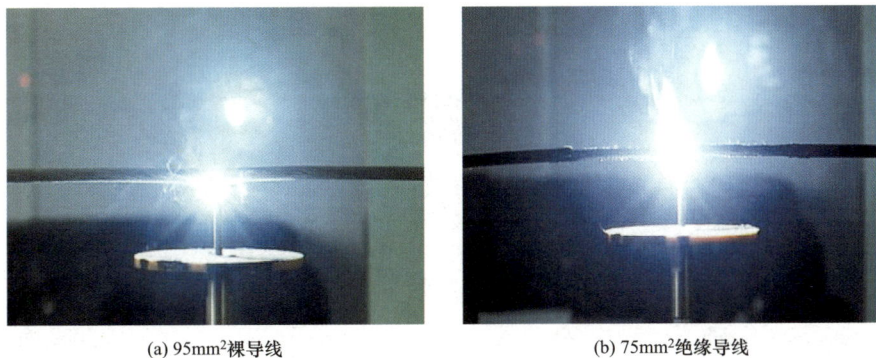

(a) 95mm^{2}裸导线   (b) 75mm^{2}绝缘导线

图 5-7   试验过程

绝缘导线与裸导线雷击断线试验现象如图 5-7 和图 5-8 所示，对试品施加 400 kV 冲击电压，击穿导线绝缘层，10 A 工频电弧在绝缘导线上持续灼烧，在工频输出电压 5.7 kV 下，70 mm^2 截面积的绝缘导线 3 min 内烧断。

在燃弧过程中，工频电流为 10 A 左右。对于绝缘导线，燃弧 3 min 以内发生断线。裸导线外围铝层迅速融化，但内部钢芯维持 2.5 h 以上才发生断线。

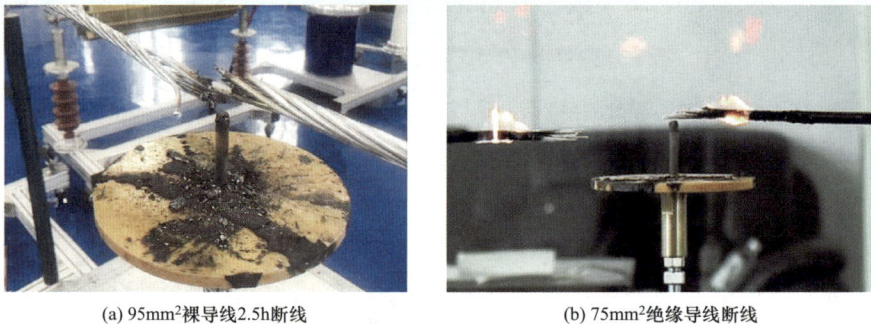

(a) 95mm²裸导线2.5h断线   (b) 75mm²绝缘导线断线

图 5-8 雷击断线试验

采用防雷绝缘子后的雷击断线模拟试验现象如图 5-9 所示，试验现象表明：工频电弧迅速熄灭，绝缘导线上出现微小的击穿孔，但并未引发雷击跳闸与雷击断线。

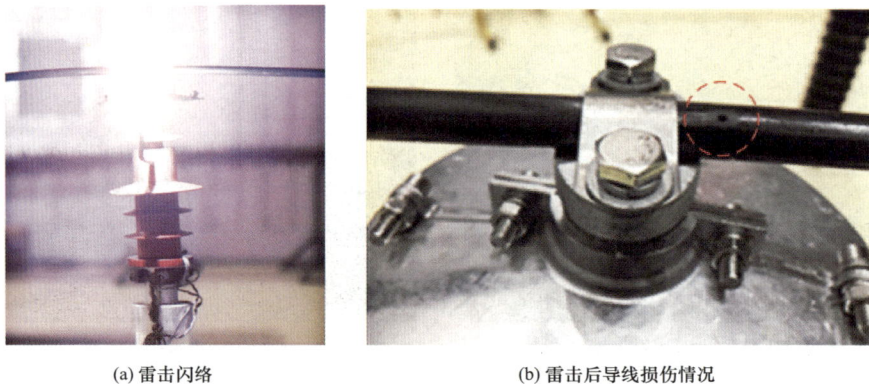

(a) 雷击闪络   (b) 雷击后导线损伤情况

图 5-9 安装防雷绝缘子后的雷击断线模拟试验现象

防雷绝缘子雷击断线模拟试验波形如图 5-10 所示。试验波形表明，防雷绝缘子可有效抑制工频续流，在电流过零点电弧自动熄灭，不会出现电弧重燃而引起工频续流。

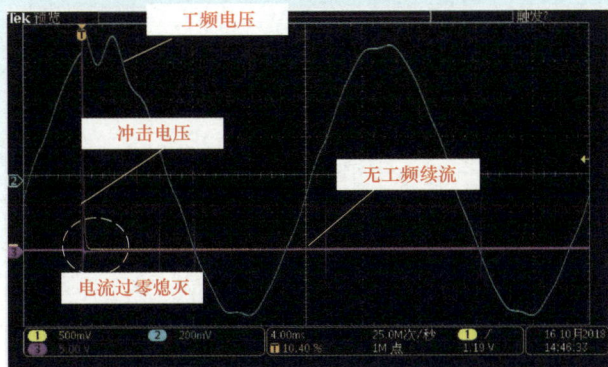

图 5-10　安装防雷绝缘子后的雷击断线模拟试验电压与电流波形

5.4　整支大电流试验

长期以来，由于设备能力与制造技术的限制，4/10 μs、8/20 μs 冲击电流试验只在单片 ZnO 电阻上进行。电网防灾减灾全国重点实验室前期开展试验，发现得出"整支避雷器 4/10 μs 大电流冲击能力和单片电阻片存在较大差别"的结论。为了模拟整支防雷绝缘子在输电线路上遭受大电流直击雷后的能量耐受和热应力特性，亟须建设能输出更高 4/10 μs 冲击电流和 2.6/50 μs 电流的冲击电流发生器装置。

5.4.1　冲击电流试验装置

冲击电流发生器的作用原理是先使电容器充电到一定的电压，然后控制球隙放电，使得并联充电回路串联放电，通过电阻和电感放电在试品（防雷绝缘子或避雷器）上产生符合要求的电流波形和幅值。通过调整回路中的参数，可以得到各种不同波形。设计防雷绝缘子（避雷器）冲击电流试验装置的原理如图 5-11 所示。

防雷设备冲击电流试验装置由冲击电流输出装置 1、试品支架 2 和测量系统 3 组成。冲击电流输出装置用于产生 4/10 μs、8/20 μs 冲击大电流和 2.6/50 μs 雷电流，由充电变压器 4、整流硅堆 5、保护电阻 6、电容器组 7、

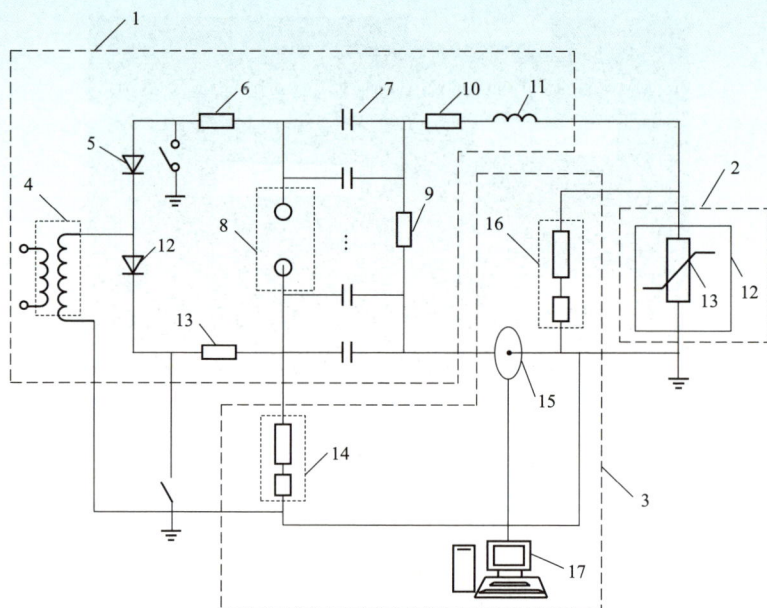

图 5-11　防雷设备冲击电流试验装置原理图

球隙 8、波尾阻抗 9、调波电感 11 和调波电阻 10 组成；其中充电变压器 4、整流硅堆 5、保护电阻 6 和电容器组 7 通过高压导线依次相连，用于给电容器组 7 充电；电容器组 7、波尾阻抗 9、调波电感 11 和调波电阻 10 依次连接后与试品支架 3 高压端相连。通过改变波尾阻抗 9、调波电感 10 和调波电阻 10 的数值使施加在试品上的电流波形为 4/10、8/20 µs 或 2.6/50 µs 冲击电流波，改变电容器组 7 的充电电压可以调节冲击电流的幅值。试品支架 2 外设有防爆箱 12，用于阻挡防雷绝缘子 13 炸裂时的碎片、防止伤及人员或设备。测量系统 3 由电阻分压器 14、电流互感器 15、阻容分压器 16、计算机分析系统 17 组成，分别测量冲击电流试验时的充电电压、试品电流、试品残压的幅值和波形。

5.4.2　冲击电流试验

连接好试验回路并检查接线无误后，即可进行 110 kV 防雷绝缘子和避雷器比例单元 4/10 µs 冲击电流试验。选取 4 支防雷绝缘子比例单元，每两

支分成 1 组（两只串联接线）进行整支产品 150 kA 冲击大电流测试。根据 GB/T 11032—2020《交流无间隙金属氧化物避雷器》技术标准，如果在连续 2 次相同幅值的冲击电流测试下，试品测试前和测试后的直流 1mA 参考电压变化率不超过 10%，则认为该防雷绝缘子（或避雷器）通过了对应幅值的 4/10 μs 冲击大电流测试。具体试验结果已经在第 4 章中进行了介绍，此处不再重复。

5.5 叠加工频电压的高温老化试验

防雷绝缘子在复杂气候条件下长期运行，特别是夏季高温高湿环境下运行，可能存在硅橡胶材料老化、密封失效的问题，从而导致防雷绝缘子损坏风险。为验证防雷绝缘子长期老化性能，有必要进一步开展整支防雷绝缘子在工作电压下的高温老化试验。防雷绝缘子叠加工频电压的高温老化试验装置如图 5-12 所示。装置整体参数如下：

（1）温度控制：温度范围为 20~200℃，可在此范围任意设定温度恒定值。温度波动度为 ±0.5℃，温度偏差度为 ±1℃。

（2）直流电压：0~10 kV；电压偏差：±0.1 kV。

图 5-12 叠加工频电压的高温老化试验装置

（3）工频电压：0~10 kV；电压偏差：±0.1 kV；频率（50±0.2）Hz。

具体试验内容如下：

对进行完整支大电流试验与水煮试验后的 10 kV 防雷绝缘子开展高温老化试验，烘箱温度设置为 110℃，10 kV 防雷绝缘子上持续施加 6.10 kV 工频电压，老化时间通常为 10h 以上，观察功耗随老化时间的变化趋势，如图

5-13 所示，若功耗随时间呈现上翘趋势，冷却后 1mA 参考电压变化超过 ±3%，泄漏电流增加，则 10kV 防雷绝缘子未通过叠加工频电压的高温老化试验，长期挂网运行可能存在风险；若功耗随时间呈现平稳变化或略微下降趋势，冷却后 1mA 参考电压变化小于 ±3%，泄漏电流变化不超过 4μA，则认为 10kV 防雷绝缘子通过叠加工频电压的高温老化试验，适宜长期挂网运行。

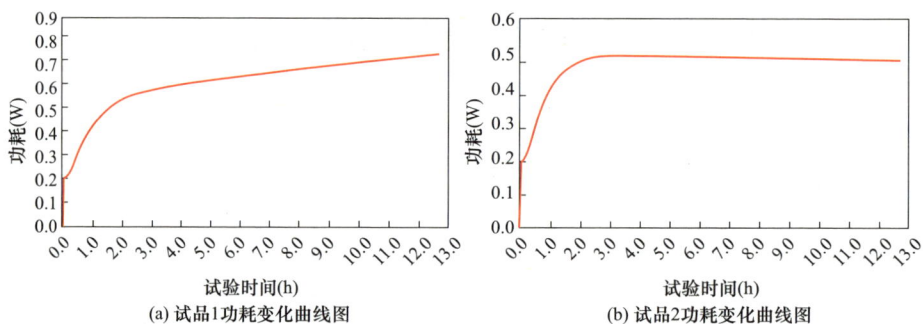

图 5-13   10kV 防雷绝缘子在叠加工频电压的高温老化试验下的功耗曲线

研制防雷绝缘子的目的是实现大规模推广并提升输配电线路防雷能力。为确保防雷绝缘子批量生产过程中的产品质量，本书作者在湖南长沙建立了防雷绝缘子产业园，并建成了先进的防雷绝缘子生产线，有效提升了防雷绝缘子产品的生产良品率，实现了防雷绝缘子高质量大规模生产，$10\sim500\,kV$防雷绝缘子已经在全国推广应用上百万支，应用线路雷击跳闸率降低90%以上，应用效果十分显著。

本章主要介绍防雷绝缘子大规模批量化的生产工艺与现场应用情况，主要内容如下：

（1）简要介绍了防雷绝缘子成果转化的防灾产业园以及先进的防雷绝缘子半自动化生产线。

（2）系统介绍了 ZnO 电阻的研磨、喷雾造粒、烧结、热处理等工业化制备工艺，概述了防雷绝缘子组装、硫化的工业化生产流程。

（3）对 $10\sim500\,kV$ 防雷绝缘子的推广应用情况进行了详细的介绍。针对高寒山区 $110\,kV$ 及以上电压等级输电线路，重点描述了应用于取消地线输电线路的大通流防雷绝缘子应用情况。本章内容可以为输电线路防雷现场应用提供了良好的借鉴。

6.1　防雷绝缘子产业园

防雷绝缘子的科技成果已在湖南省湘电试研技术有限公司实现了科研成果转化，截至 2023 年 12 月，防雷绝缘子产值已接近 2 亿元 / 年。为加快防雷绝缘子科研成果产业化，依托电网防灾减灾全国重点实验室，在长沙经济技术开发区建成了防雷绝缘子产业园（见图 6-1）。产业园建设有高性能 ZnO 电阻生产线（见图 6-2）、防雷绝缘子生产线（见图 6-3 和图 6-4），占地面积 98 亩，总建筑面积 6 万 m^2。其中高性能 ZnO 生产线用于高性能 ZnO 电阻的生产，年产量可达 370 万片；防雷绝缘子生产线用于大通流防雷绝缘子组装与硫化加工生产，年产量可达 155 万支。

图 6-1　防雷绝缘子产业园

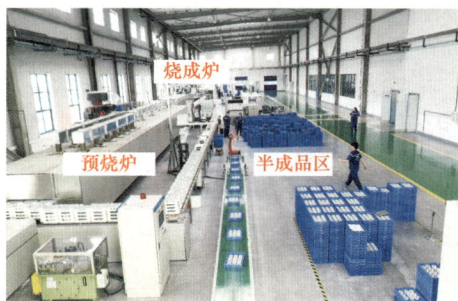

图 6-2　高性能电阻片生产线

图 6-3　防雷绝缘子生产线硫化区

图 6-4　防雷绝缘子生产线测试区

6.2　防雷绝缘子工业化制造工艺

防雷绝缘子生产流程及相关工艺如图 6-5 所示。

（1）高梯度环形 ZnO 电阻芯体装入环氧筒内预先成形，穿心芯棒与环氧筒及连接金具间采用轴向多重密封圈密封，提高密封效果。

（2）通过金具将芯棒与 ZnO 电阻芯体装配固定，并将中间连接金具和

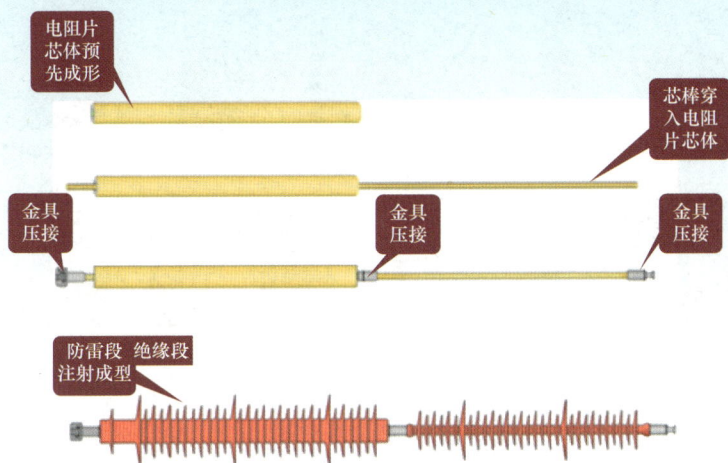

图 6-5　220 kV 防冰防雷复合绝缘子生产工艺

球窝金具进行预压接。

（3）采用一次性注射成型工艺将防冰防雷绝缘子芯体的避雷段和绝缘段进行硅橡胶伞套高温注射成型。

（4）根据绝缘子的机械负荷等级，利用基于超声检测的同轴恒压技术完成金具的二次压接，使之达到额定机械负荷要求。

（5）在防冰防雷绝缘子避雷段和绝缘段连接金具处以及绝缘段高压端装上均压环，构成放电间隙，由此得到防雷绝缘子成品。

6.2.1　ZnO 电阻生产

ZnO 压敏电阻的工业化制备过程如图 6-6 所示，具体步骤如下：

（1）研磨工艺。细化是确保 MOV 性能好坏的关键。各种添加剂原料有一些颗粒度较粗，为了确保在烧结过程添加剂与平均粒度仅 0.5 μm 的 ZnO 均匀反应，必须将各种添加剂原料预先进行细化加工处理，否则难以制造出性能良好的 MOV。传统的细化方法是湿法球磨。通常将生料添加剂的细磨称为一次球磨，将添加剂熟料的细磨称为二次球磨。近年来不少生产厂已采用高速搅拌球磨机或砂磨机取代传统的球磨机，大大提高了球磨效率及细化效果。

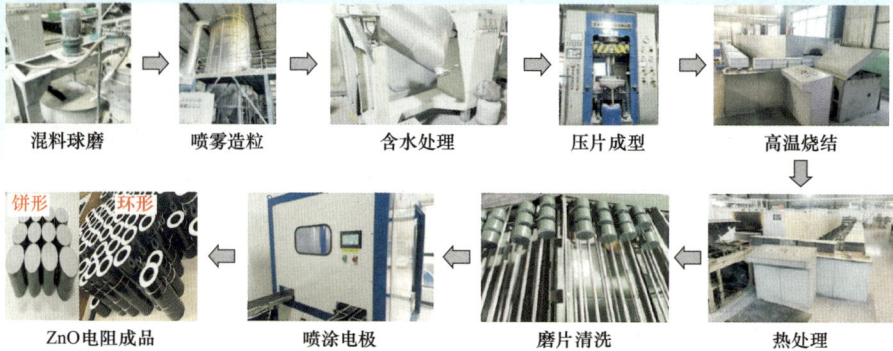

图 6-6　ZnO 电阻生产工序

传统球磨工艺转速不大于 600 r/min，研磨 ZnO 材料 $D_{(50)} \geqslant 0.5\ \mu m$，时间长，效率低。纳米研磨工艺磨球直径 0.1～2 mm、转速达 3000 r/min，ZnO 材料与磨球高速不规则碰撞和剪切后粒径变小，1 wt.% 的聚甲基丙烯酸铵作为分散剂。普通球磨法与沙磨法研磨区别如图 6-7 所示。

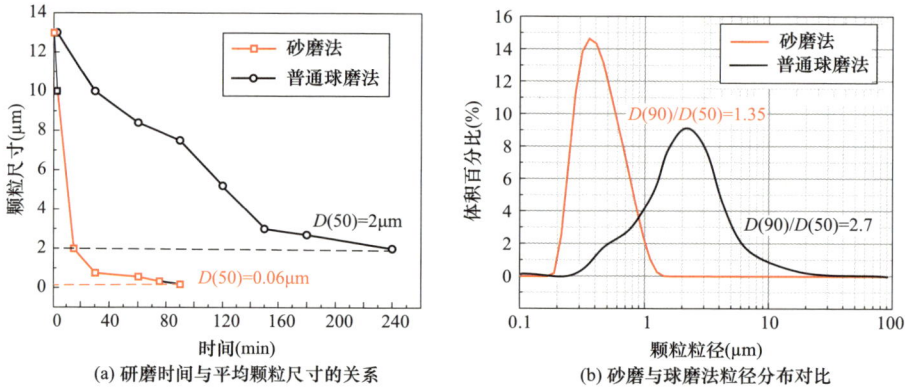

(a) 研磨时间与平均颗粒尺寸的关系　　(b) 砂磨与球磨法粒径分布对比

图 6-7　普通球磨法与沙磨法研磨区别

相比普通球磨工艺，ZnO 材料 $D_{(50)}$ 从 2 μm 降至 60 ± 30 nm，$D_{(90)}/D_{(50)}$ 从 2.7 降至 1.35，提升了 ZnO 材料粒径分布及均匀性。

（2）造粒工艺。造粒工艺，就是采用喷雾干燥机借助于雾化及热量的作用，使浆料雾滴中的溶液蒸发获得干燥粉料的方法。喷雾干燥过程就是浆料经过雾化器雾化使浆料滴迅速烘干变成颗粒粉粒的过程。目前普遍采用的为

压力式混流型喷雾。压力式混流型喷雾干燥机，是采用高压柱塞泵或隔膜泵将浆料以几兆帕至几十兆帕的压力送入压力式喷嘴，通过 0.6～2.0 mm 同的喷孔变为高速旋转的液膜由下向上射出，形成锥形雾化层，而后散射成大小不一的液滴。这种液滴与自上而下的热空气流相遇在先逆向而后与热空气顺流的过程完成脱水及颗粒化。由于这种结构的干燥机喷射出的雾滴速度、高度都很高，因此要求干燥塔体有足够的高度。

（3）含水工艺。干燥造粒的 ZnO 粉体材料含水率低，直接压片，会导致开裂，需要补充一定的水分。传统的含水工艺，水喷射流量大，物料湿度的均匀性难以保证。这里采用孔径仅 0.5 mm 左右的雾化喷嘴，雾滴逐渐混入粉料中，与含水机内的 ZnO 粉料均匀混合，含水率精准控制在 1%～1.5%，提升了 ZnO 含水量的均匀性。

（4）压片成型。含水后的 ZnO 粉体需要用设备压制才能形成环形的 ZnO 电阻陶瓷电阻片。传统的压片成型采用单向压制，造成各部位的密度不均匀，而且密度差较大，气孔率大。采用 100t 液压成型机双向压制，使电阻片坯体整体受力更均匀，同时减少内部残留气孔。如图 6-8 所示，本生产线实现了机械臂自动化操作和自动测试电阻片密度，提升了 ZnO 电阻片的初始均匀性和合格率。

图 6-8　自动压接工艺

（5）烧结工艺。压片成型的电阻片需要 1000℃以上的烧结才能致密化和形成非线性电阻片特性，烧结后的晶粒均匀性和气孔率对电阻片通流性能影响非常大。经过研究发现 Bi_2O_3 烧结时成液态，ZnO 在融化的 Bi_2O_3 中分散流动，减少 ZnO 晶粒团聚，烧结后晶粒粒径小于 5 μm，分布均匀。而 Bi_2O_3 在烧结过程中会出现四种晶相，其中 $\alpha-Bi_2O_3$ 与 ZnO 结合更加紧密，有利于孔隙率减小和有效接触面积增加。采用 α 相 Bi_2O_3 形成烧结曲线，促进晶界层与晶粒紧密结合，气孔率从之前的 6% 下降到 3% 以下，电阻片的通流能力显著提升。整个烧结过程采用预烧、烧成、热处理三段烧结方式，最高温度可达到 1200℃，如图 6-9 所示，实现了机械臂自动取样传输，实现自动化无人操作。

图 6-9　自动烧结工艺

（6）高性能电阻片的高阻层与玻璃釉工艺（含环形电阻片）。传统的手工刷涂工艺存在涂覆不均匀，内环手工涂覆操作难以实现，导致釉面出现气泡，并且影响侧面绝缘性能。为实现 ZnO 电阻，尤其是环形 ZnO 电阻侧面绝缘釉的均匀涂覆，采用自动喷涂工艺，采用孔径仅 0.5 mm 左右的雾化喷嘴，将玻璃釉原料均匀地喷射到电阻片外环和内环面，提高侧面绝缘闪络电压，提升通流能力。采用自动喷涂工艺，自动涂覆机如图 6-10 所示，采用孔径仅 0.5 mm 左右的雾化喷嘴，釉层均匀的喷射到电阻片片内面和外面。

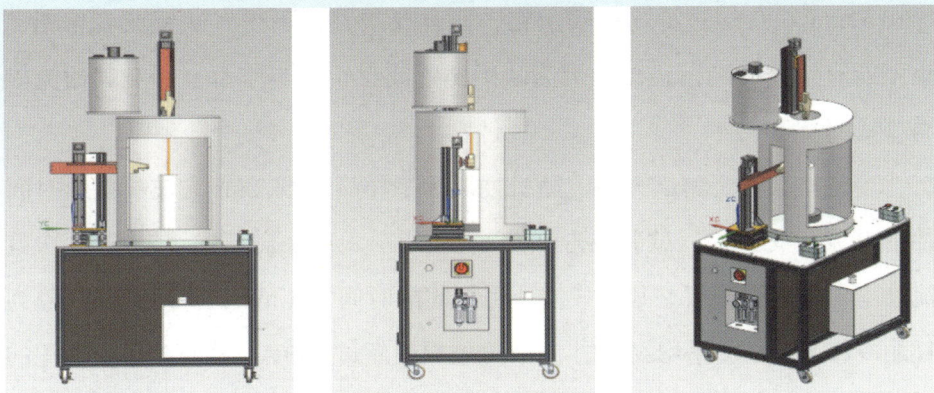

图 6-10 高阻层与玻璃釉自动涂覆机

（7）磨片工艺。电阻片粗坯放入立轴圆台平面磨床的磨具中需确保上下平整，磨片后电阻片的表面粗糙度控制在 0.8 μm 以内，平行度控制在 0.02/1000 mm 以内。然后用去离子水在 30～60Hz 频率的超声波内清洗，并热风烘干。

（8）喷铝工艺。铝电极留边大小对电阻片的方波通流能力的影响是很明显的。尤其是对高梯度 MOV，这些经验是很值得研究借鉴。当然，留边大小与 1mA 电压梯度有关，也与磨片及清洗质量有密切关系。喷镀铝层的原理：当由微电机传动的两根铝丝在喷枪口交会接触时，因电短路而产生高温电弧将铝喷铝丝熔化，此时从喷枪喷出的高压空气将其喷射雾化成的微粒喷镀于电阻片的端面上，即形成很薄的铝层电极。为确保喷铝的质量，应采用以下措施：

1）压缩空气喷射的压力越大，熔融的铝雾化得越细，这样才能取得薄而细腻、与瓷体结合牢固的铝层，实测厚度是 0.1 mm 左右。

2）必须保持电阻片喷铝端面的清洁无油污，并经常清理除油水过滤器。在有油污或水的瓷表面，铝层是很难结合牢固的。

3）喷铝前须将橡胶套内边缘黏接的铝层清理干净。橡胶套也称为喷铝卡，它的作用在于：①保护电阻片侧面不会喷上铝；②端面圆周留

0～0.5 mm 左右的边缘不能喷上铝，而且要规整，不得有缺铝或者偏铝；更不能有铝喷射到留边处。因为缺铝偏铝或者铝层不牢都会影响其通流能力等。

（9）冲击电流测试方法。随机抽取 3 个样品进行 2 ms 方波长持续时间冲击电流耐受试验，试验波形如图 6-11 所示。每个样品连续进行 18 次电流冲击，分 6 组进行，每组 3 次，每次间隔时间为 1 min，每组时间间隔为样品冷却至室温，平均耐受的 2 ms 方波幅值超过 600 A，换算到单位面积的通流容量超过 43.52 A/cm^2，换算到单位体积的能量吸收能力达到 305 J/cm^3，且各样品在 18 次 2 ms 方波冲击后的平均残压变化率 ΔU 小于 1%，小于国家标准中要求的 5%。再随机抽取 3 个样品，进行 4/10 μs 大电流冲击耐受试验，每个样品耐受 2 次大电流，2 次时间间隔为样品冷却至室温，均能耐受幅值 100 kA 左右的大电流，且冲击过后测残压，残压变化率 ΔU 均不超过 2%，处在标准要求值 −2%～5% 范围内。

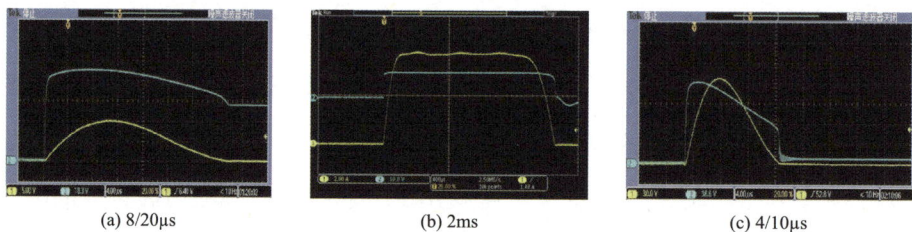

(a) 8/20μs   (b) 2ms   (c) 4/10μs

图 6-11　不同冲击电流下典型的电压、电流波形图

6.2.2　防雷绝缘子组装与硫化工艺

防雷绝缘子的生产流程如图 6-12 所示，具体步骤如下：

（1）芯体装配。

1）材料清理：电阻片先用气枪吹，然后用酒精清洗，再放置烘箱内 92℃烘 1～2h。铝片用酒精清洗后晾干。缠绕管和定位芯棒、金具用气枪吹，其后用无尘布擦拭环氧筒表面，手触摸无明显粉尘则为合格。

```
化工原料(固化          芯棒                金具
剂、氧化锌等)      (避雷器芯体)
    ↓检验              ↓                   ↓检验
  称重配料           切断、打磨            清洗
    ↓                 ↓                   ↓
 一段胶料混炼          压接 ←──────────────┘
    ↓                 ↓
 二段胶料混炼        芯棒表面处理
    └────────────→  硫化成型
                      ↓
                   试验(检验)
                      ↓
                    包装入库
                      ↓
                     出厂
```

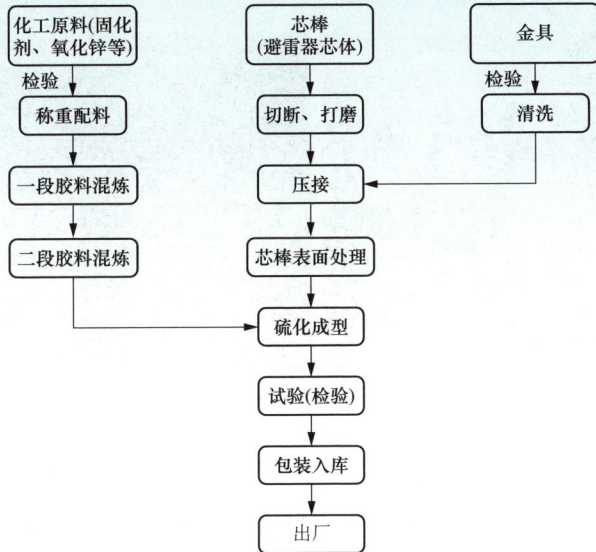

图 6-12　防雷绝缘子生产流程

2）电阻片配装：电阻片和铝片交错叠放，采用定位销轴夹具对中。

3）压接：对金具进行压接或顶紧。

4）柔性吸能结构注胶。进行电阻片外侧和环氧筒间隙注胶填充，从环氧筒注胶口进行灌胶，一边注胶，一边用管道进行真空吸气或排气，排胶口出胶则视为内部灌封完成。采用双组分液态硅胶。

（2）芯棒打磨。在对防雷绝缘子芯体进行硅橡胶伞群硫化前，首先需要对芯体避雷段的环氧筒和绝缘段的芯棒表面进行打磨，然后刷涂偶联剂，以增加硅橡胶与芯体之间的黏接力；然后进行芯体避雷段和绝缘段间连接金具的压接；最后把防雷绝缘子芯体放到烘箱中烘干，烘箱温度 150℃，连续烘4h 使电阻片芯体内部彻底烘干。防雷绝缘子芯体组装与烘干工艺如图 6-13和图 6-14 所示。

（3）伞裙注射硫化。将防雷绝缘子模具装在平板硫化床上，清除模具内部的杂质，将模具加热到 135℃并使得受热均匀，然后将防冰防雷绝缘子芯体放在模具内，芯体摆放时需要确保芯棒和环氧筒位于模具内相应位置的正

图 6-13 防雷绝缘子芯体组装

图 6-14 烘箱内的防雷绝缘子芯体

中央，不能倾斜，防止伞群硫化时芯棒和环氧筒四周硅橡胶厚度不一致而发生偏心情况；将模具合拢后进行硅橡胶高温硫化，硫化时间达到 30 min 后才能开模。防冰、防雷绝缘子硅橡胶伞套整体模压过程如图 6-15 所示。

(a) 放料

(b) 合拢模具进行高温硫化

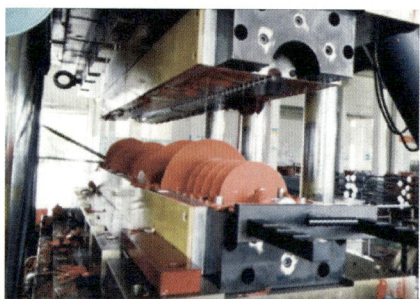

(c) 分开模具

(d) 对伞群边角余料进行休整

图 6-15 防冰、防雷绝缘子硅橡胶伞裙硫化过程

（4）伞裙修补。对于刚刚出模的防冰防雷绝缘子样品，需要用刀消去伞群边缘的边角余料，再对个别有缺损的部位用修补模再次进行高温硫化补胶；最后对局部小缺陷涂覆常温硫化硅橡胶进行修补。

6.3　防雷绝缘子现场应用

电网防灾减灾全国重点实验室依托以上相关技术和生产工艺，率先研制 10～500 kV 系列大通流防雷绝缘子装备（见图 6-16），兼具绝缘支撑与大通流防雷功能，所需材料与部件均为国产，成本低，无特殊要求的加工工艺，易于制造，大通流防雷绝缘子产品涵盖 10～500 kV 各个电压等级，已通过国家高电压计量所检测等权威检测机构检测（见图 6-17），可有效提升输电线路防雷能力，为预防输电线路雷击跳闸停电与雷击断线提供了关键装备。

图 6-16　10～500 kV 防雷绝缘子实物　　　图 6-17　检测报告

2016 年以来，10～500 kV 大通流防雷绝缘子已在湖南、江西、浙江、贵州、蒙东等全国十余个省份多雷区线路应用 150 余万支，并出口到美国、埃塞俄比亚、印度尼西亚等国家。运行数据表明 10 kV 线路防雷整治后雷击跳闸率下降 90% 以上、35 kV 线路防雷整治后雷击跳闸率下降 80% 以上，

改造后的 10 kV 线路未发生雷击断线及由雷击断线导致的人身触电伤亡事故。110～220 kV 防雷绝缘子在重覆冰高寒山区取消地线的 110 kV 芙汕线、220 kV 洪黔线等线路应用，500 kV 防雷绝缘子在多雷重冰区长民线等线路应用，防雷效果显著。

6.3.1　10 kV 防雷绝缘子现场应用

截至 2022 年 12 月，10 kV 防雷绝缘子在湖南省电力公司 706 条线路上应用，应用情况如表 6-1 所示。从线路雷击跳闸压降角度来看，706 条线路治理前年度整线雷击故障跳闸 1822 次，治理后整线累计雷击故障累计跳闸 181 次；湖南省已开展防雷治理线路年化后雷击跳闸率为 0.36 次 /（100km · a），同比治理前下降 90.6%，治理后线路经受住了多次极端恶劣天气考验，成效显著。

表 6-1　10 kV 线路应用情况

单位	防雷应用线路（条）	应用前上一年度雷击故障次数（次）	应用后至今雷击故障次数（次）	应用后年化雷击跳闸率 [次 /（100km · a）]
长沙	70	105	13	0.33
邵阳	158	345	41	0.41
岳阳	143	324	37	0.47
张家界	4	14	3	0.62
常德	159	694	33	0.29
娄底	100	95	29	0.42
永州	72	278	25	0.54
合计	706	1855	181	0.36

2017 年 5 月，10 kV 防雷复合绝缘子在湖南邵阳多雷重冰区的 10 kV 雷镇线路进行挂网应用，如图 6-18 所示。10 kV 雷镇线基本参数如表 6-2 所示，线路全长 48.26km，杆塔 586 基，统计目前使用的绝缘子，主要有 P-15T、P-20T 针式陶瓷绝缘子，另有主干线 P182～P210 号、转龙支线

01～35 号杆为瓷横担。10 kV 雷镇线沿线分布的地形包括三种：乡镇、山地、农田。主干线 231 基杆中，20 基分布于乡镇、111 基分布于山地、100 基分布于农田。

(a) 雷镇线支线14号杆塔   (b) 雷镇线主线支线交汇处

图 6-18　10 kV 雷镇线现场查勘图片

表 6-2　　　　　　　　　　　　10 kV 雷镇线基本参数

序号	项目	内　　容	
1	投运时间	杆段	投运日期
		主线 001～013 号	2011 年更换为 JKLYJ-120 导线
		主线 013～084 号	2011 年更换为 LGJ-120 导线
		主线 084～116 号	2011 年更换为 LGJ-95 导线
		主线 116～128 号	1978 年采用 LGJ-35 导线
		主线 128～148 号	2011 年更换为 LGJ-95 导线
		主线 148～157 号	1978 年采用 LGJ-35 导线
		主线 157～178 号	2014 年更换为 LGJ-195 导线
		主线 178～231 号	1978 年采用 LGJ-35 导线
		禾吉支线 001～014 号	2011 年更换为 LGJ-120 导线，其他为 LGJ-35
		其他支线	2011 年支线为 LGJ-50 至 LGJ-35 导线
2	开关编号	雷镇线 312 线路	
3	杆塔数量	全线共 586 基，其中直线混凝土杆 387 基，耐张混凝土杆 199 基	

序号	项目	内　　容		
		杆段	导线型号	长度（km）
4	导线型号	主线 001～208 号	LGJ-120/95/35	20.207
		温龙支线 00～21 号	LGJ-50	3.449
		新坪支线 00～12 号	LGJ-50	1.128
		彭家支线 00～18 号	LGJ-70	0.75
		马半支线 00～33 号	LGJ-35	3.586
		禾吉支线 00～22 号	LGJ-120	4.469
		塘坳支线 00～16 号	LGJ-35	2.07
		龙塘支线 00～27 号	LGJ-35	3.807
		转龙支线 00～35 号	LGJ-35	4.448

根据 2013—2016 年的统计数据，10 kV 雷镇线走廊区域平均海拔 543m、平均地闪密度 3.1 次 /（km² · a）、雷暴日 57d/ 年，日最大降雨量 89 mm，覆冰厚度 10～15 mm，2013—2016 年雷击跳闸率 12.9 次 /（100 km · a），微地形微气象特征明显。2017 年 5 月底，对位于多雷重冰区的邵阳隆回县 10 kV 雷镇线进行了防雷防冰改造，如图 6-19 所示，将整条线路的 1500 支针式陶瓷绝缘子更换成 10 kV 防冰防雷复合绝缘子，共改造 500 基杆塔，占总线路杆塔比例 85%。

(a) 防雷绝缘子安装　　　　　　　　(b) 现场安装效果

图 6-19　10 kV 防雷复合绝缘子现场安装照片

2017 年 6 月下旬至 7 月上旬，历史超强暴雨袭击湖南全境，多地配电网出现雷雨天气条件下的线路跳闸，隆回县雷镇线附近 10 kV 线路因雷雨导致的线路跳闸多达 18 次，如表 6-3 所示；而经防雷防冰绝缘子改造的 10 kV 雷镇线没有发生因雷雨造成的线路跳闸记录。

表 6-3　10 kV 雷镇线附近线路雷击、暴雨闪络跳闸情况（累计 18 次）

序号	线路名称	跳闸情况	故障原因
1	横立线	过流 I 段跳闸、试送成功	暴雨闪络
2	三司线	过流 I 段跳闸、试送成功	雷击
3	茶镇 I 回线	过流 I 段跳闸、重合成功	雷击
4	高颜线	过流 I 段跳闸、重合成功	暴雨闪络
5	桃镇 II 线	过流 II 段跳闸、试送成功	暴雨闪络
6	滩石线	过流 I 段跳闸、重合成功，绝缘子裂纹	雷击
7	鸭罗线	重合不成功，P23 杆绝缘子炸裂	雷击

2016 年 6—7 月历史同期数据表明，10 kV 雷镇线因雷雨导致的跳闸有 4 次，如表 6-4 所示。截至 2018 年 4 月底，10 kV 雷镇线仍未有雷雨跳闸的记录。因此，10 kV 配电网线路经防雷防冰绝缘子改造后在雷雨天气下的跳闸率大幅降低，有力保障了 10 kV 配电网线路安全稳定运行。

表 6-4　　2016 年 6—7 月 10 kV 雷镇线雷击、暴雨闪络跳闸统计

序号	线路名称	跳闸情况	故障原因
1	雷镇线光冲支线	过流 I 段跳闸，永久故障，P24 杆绝缘子炸裂	雷击
2	雷镇线岩温支线	过流 I 段跳闸，永久故障，P2 杆绝缘子炸裂	雷击
3	雷镇线主线	过流 I 段跳闸，永久故障，P133 杆避雷器炸裂	雷击
4	雷镇线主线	过流 I 段跳闸，重合成功	暴雨闪络

应用效果：根据国网湖南省电力有限公司 PMS 系统数据统计结果，2018 年 2—3 月 10 kV 雷镇线附近 10 kV 线路雷击跳闸 12 条次。如表 6-5 所示。可分为 3 个雷击段：① 2 月 25—27 日之间跳闸的次数为 2 次，占总跳闸次数为 16.67%；② 3 月 4—7 日之间跳闸的次数为 6 次，占总跳闸次数

为 50.0%；③ 3 月 12—15 日之间跳闸次数为 4 次，占总跳闸次数为 33.33%。
而经过防雷防冰改造的 10 kV 雷镇线没有出现跳闸现象，特别的是 10 kV 雷镇线所属岩口供电所分别在 3 月 4 日和 3 月 7 日由于雷击跳闸 2 条次，分别为 10 kV 雷梅线和 10 kV 雷大线。

表 6-5　　　　　2018 年 1—3 月 10 kV 雷镇线附近线路跳闸统计

序号	线路名称	跳闸情况	故障原因
1	寺环线	过流 I 段跳闸、试送成功	雷击
2	寺河 I 线	过流 I 段跳闸、试送成功	雷击
3	雷梅线	过流 I 段跳闸、试送成功	雷击
4	金兰线	过流 I 段跳闸、试送成功	雷击
5	高镇线	过流 I 段跳闸、试送成功	雷击
6	茶澄线	过流 I 段跳闸，P77 杆 C 相绝缘子雷击炸裂	雷击
7	雷大线	过流 I 段跳闸、试送成功	雷击
8	七建线	过流 I 段跳闸，双龙二支线 P3 号杆中相跌落保险熔管烧断	雷击
9	高罗线	过流 I 段跳闸，P24 杆 A、C 相绝缘子击穿	雷击
10	西河线	过流 I 段跳闸、试送成功	雷击
11	高罗线	过流 I 段跳闸，江塘配电变压器被雷击烧坏	雷击
12	高颜线	过流 I 段跳闸，P1 杆 A 相绝缘子雷击击穿	雷击

2017 年 12 月 22 日，项目单位在 10 kV 雷镇线安装了 76 个雷电动作计数器，每隔 7 基杆塔安装一个，可记录附近防雷复合绝缘子动作情况。根据现场计数器统计情况，计数器动作次数为 20 次，占比为 26.3%，因此计数器有效记录了雷击情况。

综上所述，运行 3 年以来，10 kV 防雷复合绝缘子成功抵御了现场多次强雷雨天气过程，大幅降低应用线路闪络跳闸率，减少故障跳闸停电损失，雷电动作计数器也有效记录了雷击过程，直接证明了 10 kV 防冰防雷复合绝缘子具有明显的防雷效果。安装防雷绝缘子前，10 kV 雷镇线年均跳闸 12.9 次，2017 年 5 月安装防雷防冰绝缘子，至今再未发生雷雨引起的跳闸停电事故。

6.3.2　35 kV 防雷绝缘子现场应用

截至 2021 年 6 月 30 日，已完成湖南省电力公司 166 条 35 kV 线路防雷整治，防雷绝缘子典型现场安装与安装效果如图 6-20 所示，累计安装 35 kV 防雷设备 27462 支，防雷改造线路总长度 2543.485 km。湖南省 14 个地市公司防雷改造情况如表 6-6 所示。

(a) 35kV防雷绝缘子现场安装　　　　　(b) 35kV防雷绝缘子安装效果

图 6-20　35 kV 整支防雷绝缘子现场安装照片

表 6-6　　　　35 kV 线路防雷整治后故障或跳闸信息统计表

单位	大通流防雷设备		防雷改造线路长度（km）
	改造线路条数	支数	
长沙	8	1661	158.09
常德	4	612	40.19
岳阳	20	2612	268.51
邵阳	15	3370	222.83
永州	10	1113	189.86
娄底	10	1125	169.21

续表

单位	大通流防雷设备		防雷改造线路长度（km）
	改造线路条数	支数	
张家界	2	443	52.63
怀化	34	6633	512.19
湘西	21	3428	327.89
益阳	2	294	24.49
郴州	19	2726	271.09
株洲	11	2283	186.989
湘潭	7	871	88.136
衡阳	3	291	31.38
合计	166	27462	2543.485

应用效果：根据表 6-7 所示的湖南省智能运检管控平台统计数据，166 条 35 kV 线路在防雷改造前一年累计发生雷击跳闸 302 次，折算雷击跳闸率为 11.873 次/（100km·a），同时频繁雷击多次造成玻璃绝缘子炸裂。166 条 35 kV 线路在防雷改造后共发生 13 条·次跳闸和避雷器故障（防雷改造后运行时间最长的为 13 个月、最短的为 1 个月），详细统计如表 6-7 所示。在 13 条·次故障中，只有 5 条·次发生了避雷器和防雷绝缘子损坏跳闸，其余 8 条·次是由于雷电流击中未安装防雷设备的杆塔导致线路跳闸。

表 6-7　　　　35 kV 线路防雷整治后故障或跳闸信息统计表

序号	线路名称	跳闸时间	最大雷电流及位置	原因分析	重合闸情况
1	35 kV 历朱线	2021/3/16 18:54	56.4 kA，35～74 号	连续雷电流击中相同位置导致 3 支避雷器损坏	未跳闸
2	35 kV 瞭河楚线	2021/5/3 22:01	165.7 kA，41～42 号	165.7 kA 雷直击 41～42 号塔导线导致 1 支避雷器损坏	重合成功

续表

序号	线路名称	跳闸时间	最大雷电流及位置	原因分析	重合闸情况
3	35 kV 余岑线	2021/5/3 22:13	59.2 kA，45～46 号	雷电流击中未安装避雷器位置	重合成功
4	35 kV 于红线	2021/5/11 5:01	229.6 kA，33～34 号	229.6 kA 雷电流击中 34 号终端塔和门型架挡导线，导致 2 支线路避雷器损坏	不成功
5	35 kV 思爽线	2021/5/10 18:22	58.4 kA，1 号	雷电流击中未安装避雷器位置	重合成功
6	35 kV 下铜线	2021/4/26 2:33	−6.0 kA，83～84 号	雷电流击中未安装避雷器位置	重合成功
7	35 kV 九小线	2021/5/10 6:03	26.4 kA，10 号	雷电流击中未安装防雷绝缘子位置	重合成功
8	35 kV 会团线	2021/5/11 0:10	31.0 kA，154～155 号	雷电流击中未安装防雷绝缘子位置	未动作
9	35 kV 中湘桃线	2021/5/12 3:45	71.6 kA，62～63 号	雷电流击中未安装避雷器位置	重合成功
10	35 kV 泥果线	2021/5/15 02:05	−49.4 kA，59～60 号	多重雷（5 重）超过防雷绝缘子耐受能力导致 1 支产品损坏	未动作
11	35 kV 梧余线	2021/6/11 14:36	−45.2 kA，23～24 号	雷电流击中未安装避雷器位置	重合成功
12	35 kV 紫张线	2021/6/12 19:51	152.1 kA，13～14 号	雷电流击中未安装避雷器位置	重合成功
13	35 kV 古长线	2021/6/28 0:50	10.7～23.3 kA，79～81 号	多重雷（9 重）超过避雷器耐受能力导致 1 支产品损坏	重合成功

根据每条防雷改造线路的长度和运行时间，可以计算出防雷改造后的线路雷击跳闸率为 1.023 次 /（100km·a），与防雷改造前相比，35 kV 线路防雷改造后的雷击跳闸率下降了（11.873−1.023）/11.873＝91.38%。与传统

技术措施相比，防雷绝缘子安装简便，可降低35 kV线路防雷防冰建设成本20%～30%，经济性良好。应用后的统计数据表明，35 kV避雷器和防雷绝缘子应用线路雷击跳闸率下降了91.38%，防雷效果显著，同时，防雷绝缘子和避雷器的年损坏次数大幅降低，满足运行技术要求，经济、社会和安全效益显著。

6.3.3 110 kV防雷绝缘子现场应用

110 kV风电线路及以上电压等级的输电线路常穿越覆冰严重的高寒山区，地线位于导线上方，且无焦耳热效应，因此地线比导线覆冰严重，地线覆冰引发的地线断线、导线对地线放电事故频发。由于地线逐基杆塔接地，地线融冰需进行绝缘化改造，实施复杂，成本高昂。取消地线可以防止地线覆冰故障，但雷击风险激增。

针对以上问题，提出了取消重冰区架空地线并加装大通流防雷绝缘子的防雷防冰方法。目前，110 kV大容量防雷绝缘子已经在取消地线的110 kV风电送出线路应用，包括湖南永州江华县黄甲岭风电场110 kV女黄蚂线、永州江永县燕子山风电场110 kV女燕尾线、益阳安化县芙蓉山风电场110 kV芙浉线、永州蓝山四海坪风电场110 kV木半塔线半山支线等，累计安装110 kV大通流防雷绝缘子441支。

（1）典型应用1。取消地线风电线路并加装防雷绝缘子示范性工程于2019年9月已在益阳安化县芙蓉山风电场110 kV芙浉线挂网运行，110 kV芙浉线取消地线并加装大通流防雷绝缘子如图6-21所示。安装防雷绝缘子前，芙伊线于2019年1月发生地线覆冰跳闸2次，2019年2月发生地线对导线放电1次，引发跳闸停电，严重威胁电网安全稳定运行。

2019年9月取消地线并加装大通流防雷绝缘子至今，运行状态良好，110 kV芙浉线再未发生覆冰引起的地线断线与雷击跳闸事故。

（2）典型应用2。取消地线风电线路并加装防雷绝缘子示范性工程于

2019 年 7 月已在永州蓝山四海坪风电场 110 kV 木半塔线半山支线安装运行，110 kV 木半塔线取消地线并加装大通流防雷绝缘子如图 6-22 所示。该项目实施前，110 kV 木半塔线号 55～56 号杆塔于 2018 年 12 月 30 日发生地线断线事故，引发跳闸停电。

图 6-21　110 kV 芙泹线取消地线并加装大通流防雷绝缘子

图 6-22　110 kV 木半塔线取消地线并加装大通流防雷绝缘子

　　2019 年 12 月取消地线并加装大通流防雷绝缘子至今，运行状态良好，110 kV 半木塔线再未发生覆冰引起的地线断线与雷击跳闸事故。

　　（3）典型应用 3。永州江华县黄甲岭风电场 110 kV 女黄蚂线与永州江永县燕子山风电场 110 kV 女燕尾线于 2021 年 12 月进行了取消地线并加装大通流防雷绝缘子的防雷防冰改造，如图 6-23 所示。改造前，110 kV 女黄蚂线于 2019 年发生地线断线故障，2021 年 6 月 9 日发生雷击跳闸 1 次；110 kV 女燕尾线发生雷击跳闸 1 次。

　　2021 年 12 月取消地线并安装大通流防雷绝缘子后，线路再未发生

图 6-23　110 kV 木半塔线取消地线并加装大通流防雷绝缘子防雷防冰改造

雷击与覆冰引起的线路跳闸、导线断线事故。

截至 2021 年 12 月，已完成 4 条 110 kV 线路防雷整治，累计取消地线并安装大通流 110 kV 防雷绝缘子数百支，有效提升了改造输电线路防雷与防冰性能。

防雷绝缘子安装简便，可降低 110 kV 线路防雷防冰建设成本 20%～30%，经济性良好。应用后的统计数据表明，110 kV 防雷绝缘子防雷效果显著。同时，防雷绝缘子和避雷器的年损坏次数大幅降低，满足运行技术要求，经济、社会和安全效益显著。

6.3.4　220 kV 防雷绝缘子现场应用

（1）典型应用 1。防雷绝缘子在 220 kV 新宁—扶夷输电线路工程应用，该工程起于湖南省新宁县待建的 220 kV 新宁（元宝）变电站，止于湖南省邵阳县已建 220 kV 扶夷变电站。导线采用 2×JL3/G1 A−400/50 型钢芯高导电率铝绞线；地线双回路段采用两根 OPGW 光缆（其中 220 kV 长扶线光缆利旧），单回路段采用一根 36 芯 OPGW 光缆，另一根采用 1×19−13.0−1270−B（以下简称 GJ−100）镀锌钢绞线。工程除扶夷 220 kV 变电站出口采用两基双回路终端塔外（调整已建 220 kV 长扶线间隔），其余均按单回路架设。线路全长 86.7km（其中双回路长 0.3km），航空距离 80km，曲折系数 1.08。工程全线按 15 mm 覆冰厚度设计，共使用杆塔 270 基，其中单回路耐张塔 62 基，单回路直线塔 206 基；双回路耐张塔 2 基。

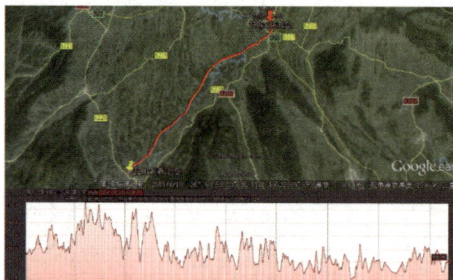

图 6-24　新宁—扶夷输电线路工程路径
地形图

220 kV 新宁—扶夷输电线路工程经过邵阳市新宁县白沙镇、黄龙镇、高桥镇、清江桥乡、马头桥乡、回龙寺镇；邵阳县金称市镇、塘田市镇、白仓镇、黄塘乡等，共计 2 县 10 乡镇。线路所经地区海拔在 230～520m，地形起伏较小，主要为

丘陵地貌单元，如图6-24所示。

根据图6-24和现场地形地貌勘查结果，选取距离新宁变电站P62-P70及P172-P184位置海拔为500m左右处的杆塔为悬挂220kV防雷绝缘子的位置，输电线路走廊典型地形地貌如图6-25所示。

图6-25　220kV防雷复合绝缘子线路走廊的地形地貌

通过湖南省电力勘测设计院的计算校核，在220kV新宁—扶夷输电线路工程距离新宁变电站P62-P70及P172-P184位置海拔为500m处的杆塔上悬挂220kV防冰防雷绝缘子，满足杆塔弧垂、风偏和间隙等力学性能要求。

2017年4月，220kV防冰防雷复合绝缘子在湖南电网220kV新宁—扶夷输电线路工程成功挂网运行。图6-26显示了该新型绝缘子安装后在220kV线路上的现场应用情况。

图6-26　防雷绝缘子安装运行情况

（2）典型应用2。2019年11月，220kV整支大通流防雷绝缘子在湖南怀化取消地线的 220 kV 洪黔线挂网运行，如图 6-27 所示。安装防雷绝缘子前，220 kV 洪黔线多次发生地线覆冰断线与雷击跳闸事故，地线平均覆冰厚度 15cm，存在地线断线风险，安装防雷绝缘子至今，再未发生地线断线与雷击跳闸，同时杜绝了地线覆冰断线风险。

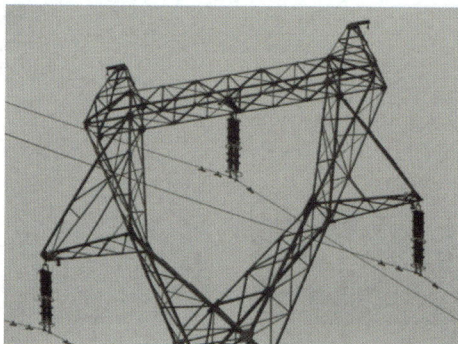

图 6-27　防雷绝缘子 220 kV 洪黔线取消地线挂网运行

6.3.5　500 kV 防雷绝缘子现场应用

500 kV 防雷绝缘子在长民线应用，长民线由邵阳长阳铺变电站送出，途经邵阳地区的邵阳县、新邵县，娄底地区的涟源市，娄底市的娄星区，止于民丰变电站，总计 101.521km，全线共 248 基，其中直线铁塔 211 基，耐张铁塔（含终端塔）37 基。

500 kV 长民线导线采用 LGJ-400/50，右地线采用 GJ-80、LHBGJ-95/55、GJ-100，左地线为 OPGW2-128/24、OPGW6-128/24 光缆全线接地。线路于 2006 年 3 月正式投入运行。根据运检部和输电检修公司对长民线挂网方案的审查讨论，最终在邵阳至娄底段进行挂网试运行，以验证防雷防冰效果，安装相别为杆塔边相。

为了便于对防雷效果进行跟踪，在每基杆塔的两个边相安装了计数器，数据可以通过无线传输，传输距离为 50m，在铁塔下可用接收器接收到数据，每个计数器有相应的物理编号。

本工程设计最大风速为 30m/s，设计覆冰为 20 mm、15 mm，污秽分别采用 c、d 级设计。

改造段铁塔导线需采用双联防雷防冰复合绝缘子悬垂串，更换两侧的 I 型悬垂串，经对改造段中的直线塔进行杆塔间隙校验后采用双串结构防雷防冰闪绝缘子改造，安装后的效果如图 6-28 所示。

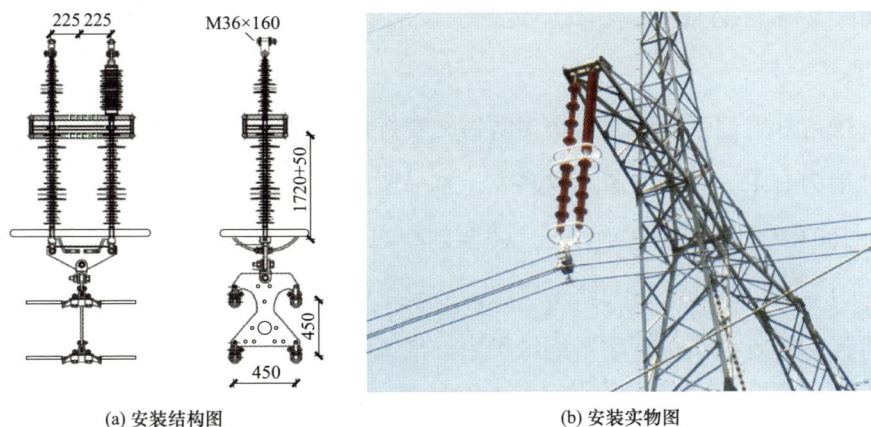

(a) 安装结构图   (b) 安装实物图

图 6-28　防雷防冰绝缘子双串结构安装后的效果图

2019 年 2 月 8—25 日，湖南发生出现湘中、湘西等地区出现了持续时间长、区域非常集中、分界线（海拔）十分明显的严重覆冰，湖南组织了 1660 个观冰哨所进行观冰。邵阳、娄底、益阳是处在湘中的严重覆冰地区，高压输电线路实施了大电流融冰 39 条次，多条 500 kV 及以上等级线路出现地线滑移甚至断线故障，长民线采用防雷防冰闪绝缘子改造段覆冰严重，导线上覆冰厚度最大达到 10 mm 以上，绝缘子表面存在较长冰凌，但未发生覆冰闪络。2019 年改造段出现了多次雷击线路情况，防雷防冰闪绝缘子正常动作释放雷电流，有效防止了线路雷击跳闸。

截至 2022 年 12 月底，500 kV 防雷防冰绝缘子运行正常，具有良好的防雷防冰闪效果。

雷击频繁造绝缘子闪络、线路跳闸停电与设备损坏事故，雷击 10 kV 绝缘子闪络还造成导线断线坠地，引发触电伤亡，严重影响电网安全可靠运行。

国内外普遍采用线路避雷器防雷，受杆塔尺寸限制，安装困难，且防雷通流能力有限，雷击炸裂事故多发。本书所在研究的队历经多年努力，研制 10～500 kV 大通流防雷绝缘子，主要创新如下：

（1）提出绝缘支撑与防雷串联一体化绝缘配合结构。实验揭示雷击、覆冰、污秽等复杂条件下防雷绝缘子内外绝缘阻容性电场分布规律，发明防雷段与绝缘段按阻性比例共同承压的绝缘配合设计方法，解决了防雷绝缘子在杆塔窗口内的安装问题。

（2）研制熔融防团聚大通流氧化锌电阻。发明独特的大通流氧化锌熔融配方与 α 晶格 Bi_2O_3 烧结方法，提出应用于环形大通流氧化锌电阻的高速砂磨与侧面绝缘方法，目前 $\phi 36$ mm 饼形、26/75 mm 环形 ZnO 电阻分别通过 4/10 μs 波形 100 kA 与 175 kA 冲击电流检测，防止雷击跳闸，同时熄灭工频续流防止烧断导线人身触电伤亡。

（3）提出整支防雷绝缘子大通流技术。相邻电阻片与电极端面垫入铝片和弹簧，液态弹性硅橡胶真空罐封 ZnO 与环氧筒内绝缘界面，防止雷击热应力引发的内绝缘破损与绝缘界面闪络，实现整支防雷绝缘子通流能力提升。

（4）提出防雷段并联保护间隙与防爆凹槽结构。并联保护间隙调控极端高幅值雷电流沿并联间隙击穿，防止氧化锌炸裂；故障短路电弧疏导凹槽结

构将工频短路电流疏导至防雷绝缘子外部，防止防雷绝缘子掉串事故。

研制 10～500 kV 系列大通流防雷绝缘子，通过绝缘子避雷器相关的型式试验以及联合加压试验、雷击断线模拟试验、整支大电流试验、老化试验等系列试验检测。10～500 kV 系列防雷绝缘子已在湖南防灾产业园实现了规模化生产。近年来雷击推广应用数百万支，应用的上千条线路雷击跳闸率降低 90% 以上，再未发生雷击断线引发的触电伤亡，社会安全与经济效益显著。

下一步，将继续开展防雷绝缘子硅橡胶抗老化等技术研究，提升防雷绝缘子防雷通流能力、硅橡胶抗老化能力等各项性能，研制涵盖特高压、交直流等不同应用场景下的系列防雷绝缘子产品。同时推进制定防雷绝缘子团体、行业、国家标准以及 IEEE/IEC 等国际标准，在防止输电线路雷击跳闸、预防配电网雷击断线人身触电、重冰区取消地线防雷防冰等场景中实现进一步大范围推广应用。

参考文献

［1］ 陈昌渔，周远翔，梁曦东. 高电压工程［M］. 北京：清华大学出版社，2003.

［2］ 郭虎，熊亚军. 北京市雷电灾害易损性分析、评估及易损度区划［J］. 应用气象学报，2008，19（1）：35-40.

［3］ 高雅隽，李玉塔，周晓波，等. 江西农村防雷现状的分析与改进［J］. 江西科学，2018，36（5）：893-897.

［4］ 吴维韩，何金良，高玉明. 金属氧化物非线性电阻特性和应用［M］. 北京：清华大学出版社. 1998.

［5］ 何金良，欧阳昌宜. 线路 ZnO 避雷器的发展概况［J］，电网技术，1993，1（4）：23-26.

［6］ 王兰义. 日本氧化锌避雷器的发展动向［J］. 电瓷避雷器，1999，3（3）：27-32.

［7］ 陈水明，何金良，吴维韩. 110 kV 输电线路采用氧化锌避雷器提高耐雷水平的研究［J］. 中国电力，1998，31（11）：12-15.

［8］ 曾嵘，周旋，王泽众，等. 国际防雷研究进展及前沿述评［J］. 高电压技术，2015，41（1）：1-13.

［9］ 谷山强，陈家宏，冯万兴，等. 中国电网近年来防雷技术发展及应用效果（英文）［J］. 高电压技术，2013，39（10）：2329-2343.

［10］ 陶汉涛，冯万兴，谷山强，等. 基于云计算的雷电监测预警与防护平台搭建［J］. 高电压技术，2017，43（11）：3784-3791.

［11］ 陈家宏，赵淳，谷山强，等. 我国电网雷电监测与防护技术现状及发展趋势［J］. 高电压技术，2016，42（11）：3361-3375.

［12］ 谷山强，王剑，冯万兴，等. 电网雷电监测数据统计与挖掘分析 ［J］. 高电压技术，2016，42（11）：3383−3391.

［13］ 陈维江，谢施君，刘楠，等. 不同电压等级架空输电线路雷电防护特 征分析 ［J］. 电力建设，2014，35（11）：85−91.

［14］ 余贻鑫，栾文鹏. 智能电网述评 ［J］. 中国电机工程学报，2009，29 （34）：1−8.

［15］ 孟毅. 500 kV 超高压变电站过电压计算与绝缘配合研究 ［D］. 武 汉：华中科技大学，2007.

［16］ 赵淳，阮江军，李晓岚. 输电线路综合防雷措施技术经济性评估 ［J］. 高电压技术，2011，37（2）：290−297.

［17］ P FUANGPIAN, T SUWANASRI, W SRISONGKR AM, et al. Deter-mining the HV insulation strength by insulation coordination based on electrical stress situation ［J］. Electric Power Systems Research, 2020, 187: 106494.

［18］ 陈家宏，张勤，冯万兴，等. 中国电网雷电定位系统与雷电监测网 ［J］. 高电压技术，2008，34（3）：425−431.

［19］ 周延龄，黎利佳，苏贻泰. 雷电定位系统的开发与应用 ［J］. 中国电 力，1999，32（7）：31−35.

［20］ 刘敏. 现有雷电定位方法的应用分析 ［J］. 四川电力技术，2008，31 （2）：6−9.

［21］ 张畅生，方子帆. GPS 及其在雷电定位系统中的应用 ［J］. 现代电 力，2002，19（2）：43−49.

［22］ 樊灵孟，李志峰，何宏明，等. 雷电定位系统定位误差分析 ［J］. 高 电压技术，2004，30（7）：61−63.

［23］ 何金良，曾嵘. 电力系统接地技术 ［M］. 北京：科学出版社，2007.

［24］ 李景禄，李卫国. 关于大中型接地网降阻措施的经验 ［J］. 高电压技

术，2002，28（9）：55-56.

［25］ 林楚标，廖永力，李锐海，等. 110 kV 整只氧化锌避雷器雷电冲击老
化特性研究［J］. 南方电网技术，2015，9（7）：40-45.

［26］ 王振林，李盛涛，王玉平. 国外 MOA 用 ZnO 电阻的剖析与思考
（续）［J］. 电瓷避雷器，2007，6（2）：34-39.

［27］ 蒋兴良，舒立春，孙才新. 电力系统污秽与覆冰绝缘［M］. 北京：
中国电力出版社，2009.

［28］ 孙才新，司马文霞，舒立春. 大气环境与电气外绝缘［M］. 北京：
中国电力出版社，2002.

［29］ 顾乐观，孙才新. 电力系统的污秽绝缘［M］. 重庆：重庆大学出版
社，1990.

［30］ G. RAMOS N., M. T. CAMPILLO R., K. NAITO. A study on the
characteristics of various conductive contaminants accumulated on high
voltage insulators［J］. IEEE Transactions on Power Delivery. 1993, 8
（4）：1842-1850.

［31］ 李恒真，刘刚，李立涅. 自然污秽成分 $CaSO_4$ 对电力设备外绝缘沿面
绝缘特性的影响综述［J］. 电网技术，2011，35（3）：140-145.

［32］ 李恒真，刘刚，李立涅. 绝缘子表面自然污秽成分分析及其研究展望
［J］. 中国电机工程学报，2011，31（16）：128-137.

［33］ L. WILLIAMS, J. KIM, Y. KIM, et al. Contaminated insulators-chemical
dependence of flashover voltages and salt migration［J］. IEEE
Transactions on Power Apparatus and Systems. 1974, PAS-93（5）：
1572-1580.

［34］ K. C. HOLTE, J. H. KIM, T. C. CHENG, et al. Dependence of flashover
voltage on the chemical composition of multi-component insulator surface
contaminants［J］. IEEE Transactions on Power Apparatus and Systems.

1976, 95（2）：603-609.

［35］ 梅尔赫列夫，索洛莫尼克. 大气污秽地区线路与变电所的绝缘［M］. 北京：电力工业出版社，1981.

［36］ 蒋兴良，谢述教，舒立春，等. 低气压下三种直流绝缘子覆冰闪络特性及其比较［J］. 中国电机工程学报，2004，24（9）：162-166.

［37］ 周建国，肖嵘，Suzwki Y.，等. 多伞盘式绝缘子的污秽特性［C］. 电工陶瓷第七次学术年会暨学术交流会，武夷山，2001：192-195.

［38］ X. JIANG, S. XIE, L. SHU, et al. Ice flashover performance and comparison on three types of DC insulators at low atmospheric pressure ［J］. Proceedings of the CSEE. 2004, 24（09）：162-166.

［39］ Y. SUZUKI, S. ITO, M. AKIZUKI, et al. Artificial contamination test method on accumulated contamination conditions ［C］. Eleventh International Symposium on High Voltage Engineering, London, UK, 1999：192-195.

［40］ 宿志一，杨源龙，刘革立，等. 我国农业地区的大气污染与输变电设备污秽等级的划分［J］. 中国电力，1997，30（12）：3-6.

［41］ 李恒真，刘刚，李立涅，等. 采用离子交换色谱法的自然污秽离子成分测量与分析［J］. 高电压技术，2010，36（9）：2154-2159.

［42］ 张志劲，蒋兴良，孙才新. 污秽绝缘子闪络特性研究现状及展望 ［J］. 电网技术，2006，30（2）：35-40.

［43］ 刘煜，王少俊，范立群，等. 硫酸钙对等值盐密贡献的定量分析与验证［J］. 高电压技术，2005，31（2）：9-15.

［44］ 关志成，张仁豫，薛家麒，等. 自然污秽可溶盐构成及其对污闪电压值的影响［J］. 电瓷避雷器，1989，1（6）：13-18.

［45］ 宿志一，刘燕生，我国北方内陆地区线路与变电站用绝缘子的直、交流自然积污试验结果的比较［J］. 电网技术，2004，28（10）：13-17.

［46］ 宋云海，刘刚，李恒真. 公路区与公路农田区绝缘子自然积污成分的对比分析［J］. 高压电器. 2010，46（5）：22-25.

［47］ 李恒真，叶晓君，刘刚，等. 广州地区输电线路沿线绝缘子自然污秽化学成分的来源分析［J］. 高电压技术. 2011，37（8）：1937-1943.

［48］ 李文祥. 输电线路积污的化学成分分析［J］. 广东输电与变电技术. 2010，12（5）：53-56.

［49］ 李顺元. 交流电压下污染绝缘表面闪络机理的研究［D］. 北京：清华大学，1988.

［50］ 陆佳政，谢鹏康，方针，等. 重覆冰条件下防冰防雷绝缘子电场仿真与伞裙优化［J］. 电力自动化设备，2018，38（3）：199-204.

［51］ 王声学，吴广宁. 500 kV 输电线路悬垂绝缘子串风偏闪络的研究［J］. 电网技术，2008，32（9）：65-69.

［52］ 刘伟. 降雨对棒—板短空气间隙击穿影响的仿真及试验研究［D］. 重庆：重庆大学硕士学位论文，2011.

［53］ 龙玉华. 淋雨状态下外绝缘直流试验电压的大气参数校正系数［J］. 技术讨论，1997：41-46.

［54］ 胡毅，王力农. 风雨对导线—杆塔空气间隙工频击穿特性的影响［J］. 高电压技术. 2008，34（5）：845-850.

［55］ 陈守聚，耿翠英. 雨水路径和电极结构对导线杆—塔空气间隙工频闪络电压影响研究［J］. 河南电力，2008（4）：17-18.

［56］ 袁伟，舒立春，蒋兴良，等. 交流电场对220 kV 复合绝缘子覆冰及其闪络特性的影响［J］. 高电压技术，2013（6）：1541-1548.

［57］ 樊亚东，文习山，李晓萍，等. 复合绝缘子和玻璃绝缘子电位分布的数值仿真［J］. 高电压技术，2005，31（12）：1-3.

［58］ 江汛，王仲奕. 330 kV 带均压环的棒形悬式复合绝缘子电场有限元分析［J］. 高压电器，2004，40（3）：215-217.

［59］ 王黎明，廖永力，关志成. 紧凑型输电线路复合绝缘子轴向电场分布分析［J］. 高电压技术，2009，31（8）：1862-1868.

［60］ 司马文霞，杨庆，孙才新，等. 基于有限元和神经网络方法对超高压合成绝缘子均压环结构优化的研究［J］. 中国电机工程学报，2005，25（17）：115-120.

［61］ GUPTA T K. Application of zinc oxide varistors［J］. Journal of the American Ceramic Society, 1990, 73（7）: 1817-1840.

［62］ LI S, LI J, LIU W, et al. Advances in ZnO varistors in China during the past 30 years—fundamentals, processing, and applications［J］. IEEE Electrical Insulation Magazine, 2015, 31（4）: 35-44.

［63］ 王玉平，李盛涛，孙西昌. ZnO 电阻片的应用研究进展［J］. 电气技术，2006，56（10）：17-24.

［64］ 何金良，刘俊，胡军，等. 电力系统避雷器用 ZnO 电阻研究进展［J］. 高电压技术，2011，37（3）：634-643.

［65］ IMAI T, UDAGAWA T, ANDO H, et al. Development of high gradient zinc oxide nonlinear resistors and their application to surge arresters［J］. IEEE Transactions on Power Delivery, 1998, 13（4）: 1182-1187.

［66］ TSUKAMOTO N, ISHII M. Repetitive impulse withstand performance of metal-oxide varistors［J］. IEEE Transactions on Power Delivery, 2016, 32（4）: 1674-1681.

［67］ HE J L, HU J. Discussions on nonuniformity of energy absorption capabilities of ZnO varistors［J］. IEEE Transactions on power delivery. 2007, 22（3）: 1523-1532.

［68］ 王振林，李盛涛. 氧化锌压敏陶瓷制造及应用［M］. 北京：科学出版社，2009.

［69］ 汤霖，赵冬一，李凡，等. 国际上关于 ZnO 电阻冲击能量耐受能力

的研究进展 [J]. 电瓷避雷器, 2014, 25（6）: 121-132.

[70] ELFWING M, STERLUND R, OLSSON E. Differences in wetting characteristics of Bi_2O_3 polymorphs in ZnO varistor materials [J]. Journal of the American Ceramic Society, 2000, 83（9）: 2311-2314.

[71] YUAN K, LI G, ZHENG L, et al. Improvement in electrical stability of ZnO varistors by infiltration of molten Bi_2O_3 [J]. Journal of Alloys and Compounds, 2010, 503（2）: 507-513.

[72] 段雷, 许高杰, 王永晔, 等. SiO_2 掺杂量对 ZnO 电阻性能的影响 [J]. 人工晶体学报, 2009, 38（S1）: 215-218.

[73] BAI H, ZHANG M, XU Z, et al. The effect of SiO_2 on electrical properties of low-temperature-sintered $ZnO-Bi_2O_3-TiO_2-Co_2O_3-MnO_2$-based ceramics [J]. Journal of the American Ceramic Society, 2017, 100（3）: 1057-1064.

[74] KATO T, KAWAMATA I, YAMADA A, et al. Effect of Ni and Cr on the stability of leakage current for spinel-reduced ZnO varistor ceramics [J]. Journal of the Ceramic Society of Japan, 2011, 119（1387）: 234-237.

[75] LEVINSON L M, PHILIPP H R. Zinc oxide varistors—a review [J]. American Ceramic Society Bulletin, 1986, 65（4）: 639-646.

[76] WURST J, NELSON J. Lineal intercept technique for measuring grain size in two-phase polycrystalline ceramics [J]. Journal of the American Ceramic Society, 1972, 55（2）: 109-109.

[77] INADA M. Microstructure of nonohmic zinc oxide ceramics [J]. Japanese Journal of Applied Physics, 1978, 17（4）: 673.

[78] 王璁, 屠幼萍, 李晓, 等. Bi_2O_3 含量对 ZnO 电阻热刺激电流特性的影响 [J]. 中国电机工程学报, 2015, 35（24）: 6560-6565.

[79] LEITE E, NOBRE M A L, LONGO E, et al. Microstructural development

of ZnO varistor during reactive liquid phase sintering [J]. Journal of Materials Science, 1996, 31 (20): 5391−5398.

[80] SHUK P, WIEMHÖFER H-D, GUTH U, et al. Oxide ion conducting solid electrolytes based on Bi_2O_3 [J]. Solid State Ionics, 1996, 89 (3−4): 179−196.

[81] 刘文进，艾建平，苏晓瑄，等. Bi_2O_3 与 Sb_2O_3 预合成对高性能 ZnO−Bi_2O_3 基压敏陶瓷的显微结构与电性能影响 [J]. 陶瓷学报，2019，40 (6): 732−736.

[82] TAO M, Ai B, DORLANNE O, et al. Different "single grain junctions" within a ZnO varistor [J]. Journal of Applied Physics, 1987, 61 (4): 1562−1567.

[83] OLSSON E, DUNLOP G L. The effect of Bi_2O_3 content on the microstructure and electrical properties of ZnO varistor materials [J]. Journal of applied physics, 1989, 66 (9): 4317−4324.

[84] XIAO X, ZHENG L, CHENG L, et al. Influence of WO 3-Doping on the Microstructure and Electrical Properties of ZnO–Bi_2O_3 Varistor Ceramics Sintered at 950°C [J]. Journal of the American Ceramic Society, 2015, 98 (4): 1356−1363.

[85] KANAI H, IMAI M. Effects of SiO_2 and Cr_2O_3 on the formation process of ZnO varistors [J]. Journal of materials science, 1988, 23 (12): 4379−4382.

[86] KUTTY T, EZHILVALAV AN S. The role of silica in enhancing the nonlinearity coefficients by modifying the trap states of zinc oxide ceramic varistors [J]. Journal of Physics D: Applied Physics, 1996, 29 (3): 809.

[87] MENG P, ZHAO X, FU Z, et al. Novel zinc-oxide varistor with superior

performance in voltage gradient and aging stability for surge arrester [J]. Journal of Alloys and Compounds, 2019, 789（948-952）.

[88] ZHANG L, GAO J, LIU W, et al. Simultaneously enhanced electrical stability and nonlinearity in ZnO varistor ceramics：Role of Si-stabilized δ -Bi_2O_3 phase [J]. Journal of the European Ceramic Society, 2021, 41（4）：2641-2647.

[89] PEITEADO M, REYES Y, CRUZ A M, et al. Microstructure engineering to drastically reduce the leakage currents of high voltage ZnO varistor ceramics [J]. Journal of the American Ceramic Society, 2012, 95（10）：3043-3049.

[90] 周东祥, 解战英, 硼硅玻璃掺杂对 ZnO 电阻器电性能的影响 [J]. 电子元件与材料, 2000, 19（3）：1-2.

[91] HOUABES M, BERNIK S, TALHI C, et al. The effect of aluminium oxide on the residual voltage of ZnO varistors [J]. Ceramics International, 2005, 31（6）：783-789.

[92] GUPTA T K, STRAUB W D. Effect of annealing on the ac leakage components of the ZnO varistor. I. Resistive current [J]. Journal of applied physics, 1990, 68（2）：845-850.

[93] LI J, LI S, LIU F, et al. The influence of heat-treatment on the current-voltage behavior of the ZnO-Bi_2O_3 based varistors [J]. Journal of Materials Science：Materials in Electronics, 2006, 17（3）：211-217.

[94] COBLE R L. Sintering crystalline solids. I. Intermediate and final state diffusion models [J]. Journal of applied physics, 1961, 32（5）：787-792.

[95] COBLE R L. Sintering crystalline solids. II. Experimental test of diffusion models in powder compacts [J]. Journal of applied physics, 1961, 32

（5）: 793−799.

[96] MANTAS P, BAPTISTA J. The barrier height formation in ZnO varistors [J]. Journal of the European Ceramic Society, 1995, 15（7）: 605−615.

[97] CHENG L, LI G, ZHENG L, et al. Analysis of high-voltage zno varistor prepared from a novel chemically aided method [J]. Journal of the American Ceramic Society, 2010, 93（9）: 2522−2525.

[98] CHENG L, LI G, YUAN K, et al. Improvement in nonlinear properties and electrical stability of ZnO varistors with B_2O_3 additives by nano-coating method [J]. Journal of the American Ceramic Society, 2012, 95（3）: 1004−1010.

[99] KANAI Y. Admittance spectroscopy of ZnO crystals [J]. Japanese journal of applied physics, 1990, 29（8R）: 1426.

[100] MACEDO P, PB M, CT M. The role of ionic diffusion in polarisation in vitreous ionic conductors [J]. 1972, 61（4）: 1562−1567.

[101] HONG Y, KIM J. Impedance and admittance spectroscopy of Mn_3O_4-doped ZnO incorporated with Sb_2O_3 and Bi_2O_3 [J]. Ceramics international, 2004, 30（7）: 1307−1311.

[102] ZHAO X, LIAO R, LI ANG N, et al. Role of defects in deter mining the electrical properties of ZnO ceramics [J]. Journal of Applied Physics, 2014, 116（1）: 014103.

[103] WEST A, ANDRES-VERGES M. Impedance and modulus spectroscopy of ZnO varistors [J]. Journal of Electroceramics, 1997, 1（2）: 125−132.

[104] HUANG Y, WU K, XING Z, et al. Understanding the validity of impedance and modulus spectroscopy on exploring electrical heterogeneity in dielectric ceramics [J]. Journal of Applied Physics,

2019, 125（8）：084103.

［105］ MAHAN G. Intrinsic defects in ZnO varistors［J］. Journal of applied physics, 1983, 54（7）：3825-3832.

［106］ LI J, YANG S, PU Y, et al. Effects of pre-calcination and sintering temperature on the microstructure and electrical properties of ZnO-based varistor ceramics［J］. Materials Science in Semiconductor Processing, 2021,（123）：105529.

［107］ SENDA T, BRADT R C. Grain growth of zinc oxide during the sintering of zinc oxide—antimony oxide ceramics［J］. Journal of the American Ceramic Society, 1991, 74（6）：1296-1302.

［108］ 刘建科，陈永佳，于克锐，等. 烧结温度影响 Zn-Bi 系压敏陶瓷性能研究［J］. 功能材料，2016，47（8）：8205-8210.

［109］ OLSSON E, DUNLOP G L. Characterization of individual interfacial barriers in a ZnO varistor material［J］. Journal of Applied Physics, 1989, 66（8）：3666-3675.

［110］ LEACH C, LING Z, FREER R. The effect of sintering temperature variations on the development of electrically active interfaces in zinc oxide based varistors［J］. Journal of the European Ceramic Society, 2000, 20（16）：2759-2765.

［111］ JONSCHER A. Universal Relaxation Law（Chelsea Dielectrics, London, 1996）［J］. Google Scholar There is no corresponding record for this reference.

［112］ 成鹏飞，李盛涛，李建英. ZnO 压敏陶瓷的介电谱［J］. 物理学报，2012，61（18）：439-443.

［113］ 卢振亚. 氧化物压敏陶瓷晶界特性与宏观电性能的关系［D］. 广州：华南理工大学，2012.

［114］ BAI S N, TSENG T Y. Influence of sintering temperature on electrical properties of ZnO varistors［J］. Journal of applied physics, 1993, 74（1）: 695-703.

［115］ HARWIG H, GERARDS A. Electrical properties of the α, β, γ, and δ phases of bismuth sesquioxide［J］. Journal of Solid State Chemistry, 1978, 26（3）: 265-274.

［116］ 康雪雅，陶明德，王天雕，等. 纳米复合粉体制备压敏陶瓷的晶界相变及稳定性［J］. 电子元件与材料，2003，22（1）: 13-16.

［117］ GUO M, WANG Y, WU K, et al. Revisiting the effects of Co_2O_3 on multiscale defect structures and relevant electrical properties in ZnO varistors［J］. High Voltage, 2020, 5（3）: 241-248.

［118］ COLE K S, COLE R H. Dispersion and absorption in dielectrics I. Alternating current characteristics［J］. The Journal of chemical physics, 1941, 9（4）: 341-351.

［119］ BOGGS S, KUANG J, ANDOH I, et al. Increased energy absorption in ZnO arrester elements through control of electrode edge margin［J］. IEEE Transactions on power delivery, 2000, 15（2）: 562-568.

［120］ HE J, LI S, LIN J, et al. Reverse manipulation of intrinsic point defects in ZnO-based varistor ceramics through Zr-stabilized high ionic conducting βⅢ-Bi_2O_3 intergranular phase［J］. Journal of the European Ceramic Society. 2018, 38（4）: 1614-1620.

［121］ YIN G, LI J, YAO G, et al. A new view on impulse degradation of ZnO-based ceramics［C］. IEEE, 2009.

［122］ LI S T, HE J Q, LIN J J, et al. Electrical-Thermal Failure of Metal-Oxide Arrester by Successive Impulses［J］. IEEE TRANSACTIONS ON POWER DELIVERY. 2016, 31（6）: 2538-2545.

［123］ 蒋国雄，邱毓昌. 避雷器及其高压试验［M］. 西安：西安交通大学出版社，1989.

［124］ 黄建明，鲍敏铎. 换流阀避雷器损坏事故原因分析：直流避雷器在过电压下的热崩溃［J］. 电瓷避雷器，2000，15（2）：37-41.

［125］ 文远芳. 500 kV MOA 比例节热稳定性试验研究［J］高电压技术，1988，13（1）：9-14.

［126］ 桑建平. 避雷器热等价性及复合外套避雷器稳态热特性初探［J］. 电瓷避雷器，2013（2）：53-58.

［127］ 温惠. MOA 的冷却结构设计与散热研究［D］. 济南：山东大学，2011.

［128］ 郭洁，朱跃. 温度对 MOA 电阻片主要电气性能的影响［J］. 电瓷避雷器，2002，34（2）：28-30.

［129］ 李飚，顾梦君. 带电测试 MOA 阻性电流的基本分析方法探讨［J］. 高压电器，2004，40（3）：235-236.

［130］ 余芳，郭洁. 温度对直流 MOA 电阻片 V-A 特性的影响［J］. 电瓷避雷器，2006，20（6）：34-37.

［131］ 张迪，张丕沛，张军阳，等. 基于 ANSYS 的 1000 kV 金属氧化物避雷器不同运行状况下电位分布的仿真计算［J］. 高电压技术，2018，44（5）：1660-1667.

［132］ 李超. MOA 在过电压下的热散逸特性［D］. 西安：西安交通大学，2018.

［133］ 矫立新. 500 kV 串联补偿装置 MOV 运行工况及暂态负荷应力分布研究［D］. 西安：西安交通大学，2015.

［134］ 郝艳捧，陈云，阳林，等. 高压直流海底电缆电—热—流多物理场耦合仿真［J］. 高电压技术，2017，43（11）：68-76.

［135］ 周仿荣，邬锦波，余占清，等. 输电线路绝缘子串新型并联间隙优

化设计研究［J］. 高压电器. 2018, 54（08）: 127-132.

[136] 罗真海, 陈勉, 陈维江, 等. 110 kV、220 kV 架空输电线路复合绝缘子并联间隙防雷保护研究［J］. 电网技术, 2002, 26（10）: 41-47.

[137] 葛栋, 冯海全, 袁利红, 等. 绝缘子串并联间隙的工频大电流燃弧试验［J］. 高电压技术, 2008, 34（7）: 1499-1503.

[138] 林福昌, 詹花茂, 龚大卫, 等. 特高塔绝缘子串用招弧角的试验研究［J］. 高电压技术, 2003, 29（2）: 21-22.

[139] 尹肇琦. 10 kV 氧化锌避雷器整支大通流结构多物理场耦合仿真与实验验证［D］. 长沙: 长沙理工大学, 2022.

[140] 尹肇琦, 谢鹏康, 王博闻, 等. 冲击电流下氧化锌避雷器多物理场有限元分析［J］. 电瓷避雷器. 2023, 12（1）: 216-222.

[141] 孟峥峥, 钟磊, 吕亮, 等. 断路器联合加压试验的建模与仿真［J］. 高压电器. 2010, 46（1）: 32-34.

[142] 王勇武. 断口的操作冲击—工频电压联合试验方法的研究［J］. 高压电器. 1985, 10（3）: 25-30.

[143] 张搏宇, 吕雪斌, 贺子鸣, 等. 线路避雷器工频续流特性探讨［J］. 电瓷避雷器. 2015, 31（1）: 74-78.

[144] 陈斯翔, 苏杏志, 孔华东, 等. 10 kV 系统冲击与工频续流联合试验回路设计［J］. 电力建设. 2015, 36（8）: 102-107.

[145] 董晓晗, 王卓, 盛轲焱, 等. 高压套管外绝缘用硫化硅橡胶性能改进方法［J］. 电瓷避雷器. 2021, 18（2）: 123-127.

[146] 李陈, 孙达, 刘春霞, 等. 金属氧化物对热硫化硅橡胶耐热性的影响［J］. 有机硅材料. 2019, 33（3）: 166-170.

[147] 潘爱川. 环境条件对不同配比硅橡胶材料电晕老化特性的影响研究［D］. 重庆: 重庆理工大学, 2021.

[148] 汪进锋，徐晓刚，李鑫，等. 10 kV 氧化锌避雷器爆炸原因分析及工艺改讲 [J]. 中国电业（技术版）. 2015，35（6）：12-14

[149] 李小来，孙继雄，黄梁伟. 500 kV 线路避雷器安装工艺改进措施及效果分析 [J]. 机电信息. 2015，67（3）：90-91

[150] 曹平，骆凌俊. 浅析 10 kV 合成绝缘外套氧化锌避雷器的生产工艺 [J]. 江苏电器. 2005，11（1）：38-39.

[151] 李想玉，韩晓东，张福林，等. 复合绝缘子芯棒与伞套界面胶粘剂选择及粘接工艺的确定 [J]. 电瓷避雷器. 2012，46（6）：7-13.